紐約早餐女王
Sarabeth's
甜・蜜・晨・光・美・味・全・書

130⁺道活力早餐 ｜ 豐盛早午餐 ｜ 暖心甜點完美提案

Sarabeth's Good Morning Cookbook
Breakfast, Brunch, and Baking

莎拉貝斯・萊文 ／ 柯靜儀 著 ／ 昆丁・貝肯 攝影 ／ 楊雯珺 譯
Sarabeth Levine ／ Genevieve Ko ／ Quentin Bacon

紐約早餐女王Sarabeth's甜蜜晨光美味全書
130⁺道活力早餐‧豐盛早午餐‧暖心甜點完美提案

作　　者	莎拉貝斯‧萊文（Sarabeth Levine）、柯靜儀（Genevieve Ko）
攝　　影	昆丁‧貝肯（Quentin Bacon）
譯　　者	楊雯珺
主　　編	曹　慧
美術設計	比比司設計工作室
社　　長	郭重興
發行人兼出版總監	曾大福
總編輯	曹　慧
編輯出版	奇光出版
	E-mail: lumieres@bookrep.com.tw
	部落格：http://lumieresino.pixnet.net/blog
	粉絲團：https://www.facebook.com/lumierespublishing
發　　行	遠足文化事業股份有限公司
	http://www.bookrep.com.tw
	23141新北市新店區民權路108-4號8樓
	電話：（02）22181417
	客服專線：0800-221029　傳真：（02）86671065
	郵撥帳號：19504465　戶名：遠足文化事業股份有限公司
法律顧問	華洋法律事務所 蘇文生律師
印　　製	呈靖彩藝有限公司
初版一刷	2017 年 7 月
初版二刷	2017 年 8 月 21 日
定　　價	550元

有著作權‧侵害必究‧缺頁或破損請寄回更換

國家圖書館出版品預行編目（CIP）資料

紐約早餐女王Sarabeth's甜蜜晨光美味全書：130⁺道
活力早餐‧豐盛早午餐‧暖心甜點完美提案 / 莎拉
貝斯‧萊文（Sarabeth Levine），柯靜儀（Genevieve
Ko）著，昆丁‧貝肯(Quentin Bacon)攝影；楊雯珺譯.
~ 初版.~ 新北市：奇光出版：遠足文化發行，2017.07
　面；　公分

譯自：Sarabeth's good morning cookbook : breakfast,
brunch, and baking

ISBN 978-986-94883-0-3（平裝）

1.食譜

427.1　　　　　　　　　　　　　106008019

讀者線上回函

獻給 Bill

你的愛與支持讓我們的夢想和心願成真。

每天早上能第一個跟你說早安，總是讓我感到無比幸福。

Contents

Chapter One
❈ 果香晨喚 ❈

Chapter Two
❈ 健康全穀 ❈

Chapter Three

❋ 鬆餅、烙捲餅、俄式可麗餅 ❋

Chapter Four

❋ 華夫餅和法式土司 ❋

Chapter Five

❈ 瑪芬、司康、蛋糕 ❈

Chapter Six

❈ 麵包與酵母點心 ❈

Contents

Contents

Chapter Eleven

❦ 馬鈴薯、肉類和海鮮 ❦

Chapter Twelve

❦ 湯品和沙拉 ❦

前言

　　我向來喜歡早餐。在我年幼時，這是我一天中最愛的一餐。事實上，蛋和法式土司常是母親沒時間為我們製作傳統晚餐時的簡便料理。我對早餐的愛與年俱增，而我的早餐菜色也一直是Sarabeth's餐廳的立足重心。

　　1981年，我和丈夫比爾在紐約市的阿姆斯特丹大道（Amsterdam Avenue）開設了第一間小店，打算利用這個地方生產和販售果醬，包括我的家傳柳橙杏桃果醬。我們也把廚房變成小烘焙坊，製作並提供可搭配手工果醬食用的糕點、麵包和瑪芬。而決定在店裡提供早餐彷彿才是昨天的事，我們的事業以此為起點蓬勃開展。這些年來，許多人從各地遠道而來，在Sarabeth's餐廳享用早餐。只要想到我已在漫長歲月中滿足了廣大的顧客，便感到無比欣慰快樂。

　　透過本書，我希望能繼續為其他人在早餐桌上帶來愉悅享受，藉由多采多姿的食譜創造與眾不同的週間與週末早餐。你可在書中找到Sarabeth's餐廳的招牌菜色以及其他美味驚喜。我也收錄了許多原本只是為家人朋友製作的餐點。你將學到如何製作慢煮燕麥（絕對是你不曾吃過的風味），並為早午餐端上完美的歐姆蕾蛋捲、膨軟的鬆餅、此味只應天上有的華夫餅、嫩滑可口的鹹派、快手完工的果醬、香脆的馬鈴薯、豐富的鹹食配菜，甚至濃湯和沙拉。繽紛多樣的烘焙美食也是內容重點，例如快速簡單的司康和瑪芬、奶香濃郁的蛋糕和可以事先製作的酵母麵包。除了食譜之外，我也與大家分享烹飪小祕訣和我多年來不斷精進的技巧。這些料理將讓所有人對你的早餐和早午餐日思夜想，念念不忘。

　　早安，祝你有個美好的早晨！

Sarabeth

莎拉貝斯的食品櫥 *Sarabeth's Pantry*

早餐的美妙之處，在於你通常已有製作一頓完整餐點所需的一切。雖然我在本書中會視需要介紹特定食材或料理所需的專門或特別食材或工具，但我不希望你為了在家做頓早餐或早午餐，還要特地出門蒐羅很難找到的食材或廚房用具。請隨你方便使用手邊現有的材料和器具。以下列出的清單只是我偏好的幾種常用食材和工具：

◆ 麵粉：就中筋麵粉而言，我都用無漂白的產品，偏愛King Arthur這個品牌。全麥麵粉則以石磨細顆粒者為佳。

◆ 糖：我通常使用細砂糖，因為溶解度較佳，可以讓烤好的點心更加柔軟濕潤。如果找不到細砂糖，可用食物調理機以「Pulse」（高速瞬轉）模式攪打幾次。假如你要煮糖做抹醬，用直火可良好溶解的砂糖就行。

◆ 鹽：烘焙或烹調某些鹹味料理時，我會用較一般含碘食鹽細緻且鹹度較高的細海鹽。製作其他鹹食則用美國Diamond Crystal猶太鹽。由於猶太鹽鹹度不一，使用其他品牌請依個人口味小心調味。

◆ 奶油：我一向使用AA級奶油（Grade AA，有時候標籤上會寫成甜奶油），並依不同應用採用新鮮奶油或澄清奶油

（p.66）。

◆ 植物油：中性油我都用芥花油。橄欖油則選擇特級初榨產品。製作烘焙甜食時，我喜歡帶有果香，味道圓潤的橄欖油，例如西班牙的Arbequina，較為強烈的義大利橄欖油則適合烹調鹹食，尤其是帶有義大利風味的菜色。

◆ 乳製品：酸奶油、奶油乳酪和優格最好都選全脂產品，除非另有指示。如果我在材料中列出全脂牛奶，代表那道菜就是需要全脂牛奶，請勿換成其他低脂產品。如果只寫牛奶，你可使用減脂或低脂牛奶，但不可是無脂牛奶。市售的白脫奶通常是低脂。你如果夠幸運能找到全脂產品，請務必使用。

◆ 蛋：使用A級大型蛋。棕殼或白殼都可以。

◆ 堅果和種子：無鹽生杏仁、榛果、胡桃、松子、花生、核桃、葵花子和南瓜子都屬於這一類，我喜歡焙烤它們（p.53）。請購買整顆原粒產品，再視需要自己切碎。

◆ 香草：通常我偏好用香草莢製作醬汁、糖漿、水果抹醬和糕點。但香草莢是奢侈品，所以我會用烈酒浸泡香草莢，讓它們物盡其用。這麼做不只能夠延長香草莢的保存期限，還能加強它們深邃濃郁的花香。香草籽通常會在浸泡過程中變軟，所以使用時不會感覺到顆粒感。

蘭姆酒漬香草莢

　　如要漬泡香草莢，請將每根香草莢的底部切除0.3公分，切除面向下，直立放置在高玻璃罐中。倒入5公分深色蘭姆酒或金黃蘭姆酒，浸泡直到香草莢變軟，約需2週，最多可保存2個月。使用香草莢時只需用拇指和食指沿著香草莢往下劃到底，或是劃開到你想使用的長度，就能取出香草籽。若要使用外莢，請縱切好釋放更多香味。如果食譜不需要一整根香草莢，請把剩下的香草莢放回罐中。某些食譜可以用香草精取代，只要你用的是純香草精，而不是人工仿味品。

莎拉貝斯的必備工具

- 乾式量杯和量匙：我使用的是一整組堅固的重型量杯和量匙。它們價格不菲但值得投資，不會凹陷或翹起，而且手柄保持筆直。我強烈建議你購買一組專業用具，或用料理秤進行測量。

- 液體量杯：我不只仰賴量杯測量液體，也用它們的流嘴控制濕料倒出。有時候甚至會直接在量杯裡攪拌，省去多洗一個碗的麻煩。我偏好有明確標示的堅固玻璃杯。

- 料理秤：為了這本書，我用重量和容量來測試所有食譜裡的原料用量。重量是比較可靠且一致的方法。請購買具有清楚讀數且測量範圍從¼盎司（8克）到11磅（5公斤）的電子秤。但由於大部分的家用秤在測量少量輕質原料時無法十分精確，所以我只提供容量¼杯以上的重量。酵母除外，因為壓縮酵母容易在秤上秤重，而乾酵母可以購買有重量標示的袋裝產品。

- 烘焙紙：烘焙紙可避免在烹煮或烘焙時沾黏，有助輕鬆清理。我在廚房中經常使用。

- 麵粉鏟：又稱為麵刀或麵團刮板，具有平薄的方形刃面和一個把手。我用它來切麵團或奶油，而且掃過工作檯面就能一次刮得清潔溜溜。在石頭表面使用時請小心刮傷。

- 矽膠鍋鏟／刮刀：我總是拿這種耐熱鍋鏟／刮刀來攪拌或抹平混合物，或是把缸碗刮乾淨。

- 打蛋器：只要你試過我現在使用的專業級堅固鋼絲打蛋器，大概就永遠無法用回脆弱易壞的一般打蛋器了。

- 半尺寸烤盤：這是最實用的多用途烤盤，可用於烘烤甜食和製作鹹食，拿來在廚房裡盛裝或運送食材和碗盤也很方便。這種烤盤長33公分，寬20公分，深2.5公分。務必購買用鋁合金特厚板製成的商用等級烤盤，在大部分家庭用品店都能買到。

- 電動裝置：我依賴幾樣廚用家電來讓烹調和烘焙早餐料理更加輕鬆。重載型直立式攪拌機、手持式電動攪拌器、浸入式攪拌棒、食物調理機和果汁機都是我經常使用的產品。

Chapter One

果香晨喚

很多早晨，我會簡單吃點新鮮水果開始我的一天。少有什麼比咬下成熟多汁的水果更讓我開心。在工作日，我常會匆忙穿過我在紐約市切爾西市場的旗艦店大廳，到水果店買上一些。夏日的週末，我則會到長島住家附近的農夫市集，直接向農人購買現採時鮮。

如果手邊的水果不夠完美（或甚至完美也一樣），我有時候會烹煮它們。我的燉蘋果和燉洋梨是秋天的極致暖心料理，蜜煮桃李則擷取了整個夏天的甜蜜。其他時候我會以思慕昔、果汁或甚至調酒的方式飲用水果。早餐若沒有來點漂亮的水果，就不算完整。只要照著書裡的食譜製作，就連快手製作的日常餐點都能變成令人心滿意足的驚豔饗宴。

〔主要食材〕

新鮮水果的準備作業很簡單，但要選到最好水果就沒那麼容易了。我偏好當地農場生產的有機當季水果。如果水果還未成熟，我會放在廚房窗台上讓它們熟成。要判斷成熟度，聞一聞它們是否散發芬芳，然後捏一捏看是否已軟。

〔工具箱〕

處理水果只需要一把非常鋒利的刀子、一只削皮器和一個好切砧板。自從我在日本開設烘焙坊和餐廳之後，那裡的刀具就成為我不可或缺的良伴。你不必越過太平洋就能買到高品質的好刀，但我真誠推薦刀刃薄利的日本刀具，就連最軟最細緻的水果也能切得乾淨俐落。記得定期磨刀就好。

製作水果飲品則需要果汁機。市售的大馬力商用品牌可以快速輕鬆地打出大量滑順飲品，不過較小的家用產品也能做出同樣良好的效果。如果一次在果汁機內裝入所有食材會滿出來，只要分批攪打就可。

柑橘太陽花
CITRUS SUNDIAL

1人份

如同晨光水果盅（p.22），這道菜色的重點在於擺盤。任何柑橘類水果都適用，但你可以混搭不同種類做個實驗，盡情揮灑鮮麗色彩。這種略帶刺激香氣的多汁水果只要搭配柔滑清爽的優格和香脆可口的穀麥，就是一頓理想早餐。如果舉辦盛大的早午餐派對，可以事先做好冷藏備用，舀上配料即可上桌。

1顆 葡萄柚

1顆 臍橙

¼杯（65克）原味優格

2大匙 朝氣蓬勃香脆穀麥（p.50）

蜂蜜或純楓糖漿，澆淋用，視個人喜好添加

1. 用鋒利的小刀切除葡萄柚的頂部和底部，剖面向下讓葡萄柚直立在砧板上，用來回滑動的方式，沿著果實從上到下分批切除外皮以及果瓣外層的白膜。從兩片瓣膜之間取出葡萄柚果肉。按照上述步驟處理臍橙。在上菜盤面交替排列葡萄柚與橙片，排成太陽花形狀。

2. 在水果中心舀上優格，撒上穀麥。視喜好淋上蜂蜜。

晨光水果盅
MORNING FRUIT BOWL

1人份

在我們的第一間餐廳，我習慣在十點左右稍事休息，幫自己切點水果裝成一碗繽紛，坐下來好好享受。那不是什麼豪華料理，但是客人總會偷瞄我桌上的食物，然後跟侍者說：「我也要來一份她在吃的。」這正是Sarabeth's招牌水果盅出現在餐廳菜單上的緣起。現在有許多人一早起來最想吃的就是新鮮水果。我熱愛果物，都是直接拿起來送進嘴裡當點心吃，但是誘人的擺盤可以讓它們更加美味。

- 1顆 小型粉紅葡萄柚
- 1顆 臍橙
- 1根 香蕉
- 4顆 草莓

1. 用鋒利的小刀切除葡萄柚的頂部和底部，剖面向下讓葡萄柚直立在砧板上，用來回滑動的方式，沿著果實從上到下分批切除外皮與果瓣外層的白膜。從兩片瓣膜之間取出葡萄柚果肉，放在上菜碗中央。按照上述步驟處理臍橙，輕輕與葡萄柚混拌。

2. 香蕉剝皮切片，呈扇形展開，擺放在柑橘沙拉的周圍。草莓去蒂切片，排在上菜碗中央。或者你也可輕輕混拌香蕉、草莓和柚橙果瓣。

薑汁汽水楓糖漿慢燉烤蘋果
POACHED "BAKED" APPLES IN GINGER ALE AND MAPLE SYRUP

4人份

很久以前，我母親的舅舅在曼哈頓上西區擁有一間名叫Tip Toe Inn的家庭式餐廳。燉蘋果是菜單上人氣最高的菜色之一，現在正是讓這道料理重返榮耀的好時機。我的家人發現將蘋果放入薑汁汽水慢燉可以使果肉更加柔軟多汁，芬芳美味。我維持這個傳統，並保留將燉蘋果搭配一壺重乳脂鮮奶油一起上桌的習慣。不過我也為原始版本增添些許新意，加入楓糖漿和香草。這單純是因為我喜歡它們的風味。雖然我仍經常依照家族慣例使用Rome Beauty品種燉煮，但有時候也會換成紅龍等較小型的蘋果。我需要的果實必須擁有豐厚果肉，能在燉煮後維持形狀，並且呈現深邃的紫紅色，帶來驚豔的盛盤效果。

4顆 大型Rome Beauty品種蘋果（每顆約340克）或6顆較小型蘋果（每顆約225克）

4杯（896克）薑汁汽水

2杯（448克）無糖蘋果汁

½平杯（98克）淺紅糖

⅓杯（97克）純楓糖漿

1根 香草莢，以蘭姆酒漬香草莢為佳（請參閱p.15）

1根 肉桂棒

2杯（464克）重乳脂鮮奶油，佐食用

Poached "Baked" Apples
in Ginger Ale and Maple Syrup

1. 使用蔬果削皮器在每顆蘋果頂端削下1.3公分寬的條狀果皮，再以去核器從中心往下推，取出¾的蘋果核——注意不要穿透蘋果底部。取一把削皮刀，削除去核部位四周的殘餘果皮。在不會產生化學反應的7QT荷蘭鍋或其他重型鍋內排入蘋果，去核面朝上，單層排列，不要堆疊。

2. 在大碗中混合薑汁汽水、蘋果汁、紅糖和楓糖漿。使用刀尖劃開香草莢並刮出香草籽（或者，假設使用蘭姆酒漬香草莢，擠出種籽），加到上述液體內，外莢放旁備用。在蘋果上澆淋此液體，直到蘋果周圍與去核空間內的液體達到⅔高。視需要添加水。放入肉桂棒和刮完籽的香草莢。

3. 液體以中大火煮到沸騰。降為小火，蓋上鍋蓋，燉煮10分鐘。翻轉蘋果後再煮10分鐘。第二次翻轉蘋果使頂端朝上，蓋上鍋蓋，燉煮到蘋果夠軟，可以用銳利小刀尖端戳入，約需5分鐘。用漏勺舀起蘋果，放到深盤中冷卻。

4. 等待冷卻期間，以大火煮沸煮汁，不加蓋煮成糖漿狀，濃縮至2杯左右份量，約需25分鐘。取出肉桂棒和香草莢丟棄。讓糖漿完全冷卻。

5. 在蘋果頂端澆淋冷卻的糖漿。覆上保鮮膜，冷藏直到冰涼，至少需2小時，最多可冷藏一夜。

6. 上桌時將蘋果放在盤中，周圍倒入熬煮的糖漿，佐伴鮮奶油一起享用。

糖煮蜜桃香李
PEACH AND PLUM COMPOTE

6人份

小時候我最愛媽媽做的點心。她是那個年代並不常見的職業婦女,所以她的招牌點心就是打開一罐水蜜桃和一罐李子罐頭,把果肉跟糖水一起倒入保鮮盒,將這一盒紫紅色混合物冰入冰箱。整個星期我都會分配到一份什錦水果,配上滿滿一大匙酸奶油。現在我用新鮮水果重溫這段童年回憶。楓糖漿和香草籽為美味增加深度,但夏季水果才是這道料理的閃耀明星。儘管你應該使用最好的果物,但即使是味道較淡薄的水果在這款糖漿裡也會變得甜美多汁。酸奶油仍然是我最喜歡的配料,但是鮮奶油霜(p.62)甚或冰淇淋和冰涼的糖煮水果也都是美味絕配。有時候我也會在華夫餅或鬆餅表面舀上一匙溫熱的糖煮水果。

- 1½杯(336克) 無糖蘋果汁
- ¾杯(219克) 純楓糖漿
- 3大匙 新鮮檸檬汁
- 4顆 肉質稍為扎實的熟水蜜桃(每顆約170克),去皮去核,切成四半
- 4顆 肉質稍為扎實的紅肉李(每顆約114克),切半,去核
- ½根 香草莢的種子,以蘭姆酒漬香草莢為佳(p.15),或½小匙 純香草精

1. 在不會產生化學反應的5QT荷蘭鍋或其他重型鍋中混合蘋果汁、楓糖漿和檸檬汁。加入桃子和李子,以中大火煮到微滾。降為小火,蓋上鍋蓋繼續燉煮,直到水果稍微煮軟,約需15分鐘。

2. 荷蘭鍋離火,拌入香草籽。靜置至稍微冷卻或完全冷卻,蓋上鍋蓋,放入冰箱冷藏,最多可保存3天。可以溫熱或冰涼食用。

薑香洋梨優格芭菲
PEAR, GINGER, AND YOGURT PARFAITS

4人份

為早午餐端上一道優雅精緻的水果料理，沒有什麼比得上這款芭菲。它們可以盛裝在玻璃香檳杯內，展現高雅纖細的風情；或是放在梅森罐裡，營造時尚又不失溫馨的氛圍。我偏好使用濃山羊奶優格，它強烈的氣味充滿生命力，目前已可在超市購得。不過冷藏區還有許多美味綿密的優格，你應該選用自己最喜歡的產品。但務必使用原味優格（高脂的更好吃），因為糖煮洋梨已經提供充足的甜味。

- ½杯（98克）砂糖
- ¾杯（168克）水
- 1大匙 新鮮檸檬汁
- ½根 香草莢，以蘭姆酒漬香草莢為佳（p.15）

- 4顆肉質扎實，接近成熟的安茹（Anjou）洋梨（每顆312克），削皮，去芯，切成1.3公分方塊
- 1杯（261克）原味優格
- 3大匙 切碎糖薑
- 4小根 新鮮薄荷枝葉

1. 取一個單柄寬口平底深鍋或大到可以讓洋梨丁在鍋面平鋪成一層的平底鍋，加入糖、水和檸檬汁以大火煮沸，攪拌以熔化砂糖。降至小火，蓋上鍋蓋，燉煮5分鐘。

2. 用刀尖劃開香草莢，刮出香草籽（或者，使用蘭姆酒漬香草莢，擠出種子），放入上述混合物中，也加入香草莢。攪拌讓香草籽均勻分布。加入洋梨，以中火煮到沸騰。降至小火，蓋上鍋蓋燉煮，偶爾開蓋攪拌，直到洋梨煮到稍軟，約10分鐘。用漏勺小心將洋梨移到一個中型碗內。

3. 煮沸糖漿，繼續收汁直到變成原來的三分之一量，約需3分鐘。放涼備用。

4. 糖漿倒在洋梨上，用保鮮膜緊密覆蓋，冷藏至冰涼，至少2小時，最多可冷藏一夜。

5. 盛盤時，將半數洋梨混合少許糖漿，均分到4個玻璃杯內。放上半量優格和糖薑。然後鋪上剩下的洋梨、優格和糖薑。以薄荷枝葉裝飾。剩下的洋梨煮漿和香草莢留作他用，裝在密封容器中可冷藏保存最多1星期。

香蕉草莓思慕昔
BANANA-STRAWBERRY SMOOTHIE

1到2人份（約2½杯）

我 認為一杯好思慕昔一定要濃稠，所以總會加入香蕉和冰塊一起攪拌。這種綿密的口感擁有不輸特製點心的墮落感，雖然其實十分健康。我會加進少許果醬突顯水果風味，並與它們的天然甜美相互呼應。如果想要品嘗豐富又柔滑的無奶思慕昔，務必嘗試下面的變化版食譜。

- 1根 大型香蕉（約127克）
- 6顆 中型草莓（約127克），去蒂
- ½杯（117克）原味希臘優格
- ½杯（112克）2%低脂牛奶
- ¼根 香草莢的種子，以蘭姆酒漬香草莢為佳（p.15），或¼小匙 純香草精
- 3顆 大冰塊
- 1到2小匙 草莓果醬，自製為佳（p.196），或是視口味添加

1. 香蕉、草莓、優格、牛奶、香草籽和冰塊放入果汁機中，攪拌成柔滑果泥。

2. 視口味加入果醬。再度攪打，立刻飲用。

杏仁奶甜桃覆盆子思慕昔：
草莓換成1杯（170克）覆盆子和1顆大型甜桃（142克），去核，切塊。優格和牛奶換成½杯（112克）杏仁奶，自由使用的果醬則可以純楓糖漿取代。

香草莢檸檬汁
VANILLA BEAN LEMONADE

6到8人份（約9杯）

這款甜度適中的檸檬汁令人心曠神怡，是各種美食的絕佳拍檔。香草籽帶來獨特的芬芳驚喜。檸檬汁的大敵是未溶解的糖，所以我總是先從準備簡單的糖漿開始。室溫下的檸檬可以搾出最多果汁。如果想要多點振奮精神的咖啡因，可以根據下方「檸檬紅茶」食譜指示加入冰紅茶。不然也可嘗試酒精版檸檬汁的食譜，來點不一樣的刺激。

- 1杯（200克）細砂糖
- 7杯（1.6公斤）水
- 1¾杯（392克）鮮搾檸檬汁
- 1根 香草莢種子，以蘭姆酒漬香草莢為佳（p.15）

1. 在小平底深鍋中加入糖和1杯（224克）水，以大火煮沸糖，不停攪拌讓糖融化。降至中小火繼續煮沸5分鐘。靜置直到完全冷卻。

2. 取一個大壺加入冷卻的糖漿、檸檬汁、香草籽和剩下的6杯（1.3公斤）水。覆蓋冷藏至冰涼，至少需2小時，最多冷藏一夜。冰涼飲用。

檸檬紅茶：
用6杯（1.3公斤）冰涼無糖冰茶取代步驟2中的水。

酒精版檸檬汁：
在檸檬汁中拌入柑橘伏特加或原味伏特加。隨個人喜好增減伏特加，它不會添加風味，所以用量取決於你。

無酒精爽脆血腥瑪麗
CRUNCHY NO-BOOZE BLOODY MARY

8人份（約6杯）

醃漬蔬菜是這道飲品的主角，不只用來撒在玻璃杯頂端呈現驚豔視覺效果，也能融入飲品創造獨特風味。它們的爽脆酸嗆讓這款經典飲料搖身變為醒神極品。你甚至可以放上蟹肉或在杯緣勾上一尾熟鮮蝦，讓血腥瑪麗變成鹹食開胃小點。不論是以飲品或餐點形式上桌，都需要準備叉子讓賓客叉食醃漬蔬菜。

- 5¾杯（1.3公斤）番茄汁
- ⅓杯（75克）新鮮檸檬汁
- 2大匙 鮮榨萊姆汁
- ¼杯（56克）伍斯特醬
- 2大匙 新鮮刨絲辣根或瀝乾水分的市售辣根
- 20滴 Tabasco辣椒醬
- 1杯（112克）血腥瑪麗漬物（p.201）＋裝飾用量
- 現磨黑胡椒

1. 取一個大水壺，攪拌番茄汁、檸檬汁、萊姆汁、伍斯特醬、辣根和 Tabasco辣椒醬。覆蓋冷藏至少2小時，最長2天，直到完全冰透。

2. 在8個裝滿冰塊的高玻璃杯中各放入2大匙漬物。攪拌步驟1的混調飲料，等量倒入每個玻璃杯，磨上一點黑胡椒，再以更多漬物裝飾。

微醺血腥瑪麗：
上桌前，每杯加入28到56克伏特加。

四花果汁
FOUR FLOWERS JUICE

8到10人份
（約11杯）

從我們開設第一間餐廳開始，這款渲染夕陽餘暉色彩的果汁就是菜單上的固定飲品。靈感來自我在喬治‧布朗（Georges Blancs）米其林三星餐廳嘗到的四花雪酪。不同於他的花香調性，我的版本大幅加重水果風味。這個絕對不會失手的配方已經成為Sarabeth's餐廳的招牌飲品。

- 6大匙（74克）砂糖
- 2杯＋6大匙（532克）水
- 454克 新鮮鳳梨塊
- 3根 大型香蕉（每根約127克），剝皮，切成四等份

- 4杯（896克）鮮榨柳橙汁
- 2大匙 新鮮檸檬汁
- 1大匙 石榴

1. 取一個小平底深鍋，加入糖和6大匙水，煮到沸騰，攪拌使糖融化。形成糖漿後離火，放涼至完全冷卻。

2. 鳳梨和香蕉放入果汁機或食物調理機，攪拌成非常滑順的果泥。視需要分批處理，加入柳橙汁、檸檬汁、石榴、糖漿和剩下的2杯（448克）水，與果泥一起攪打至非常柔滑。如果偏好較水感的果汁，可用篩子過濾。

3. 倒入大肚瓶內，覆蓋冷藏至少2小時直到完全冰透，最長可冷藏2天。

4. 果汁等量分裝到杯中，上桌享用。

四花含羞草雞尾酒：
在香檳杯內倒入三分之一滿的四花果汁，然後倒滿不甜的Prosecco或Cava氣泡酒。
立刻上桌飲用。

Chapter Two

健康全穀

我向來熱愛穀物。全穀物呈現的豐富風味確實令人著迷，但真正擄獲我心的卻是它們的口感。我喜歡穀物在粥和牛奶土司中的綿軟；在穀麥棒、薄脆餅和餅乾中的香脆；或是在麵包棒和一般麵包中的嚼勁。或許我最愛穀物的一點，是能利用它變出各種日常早餐花樣，既適合在忙碌的週間抓了就走，也可坐在週末的早午餐桌上好好享受。

雖然一碗暖口舒心的麥片粥要以小火慢慢熬煮，但牛奶土司只要兩三下就能上桌。烘焙食品需要較長時間，但只要預先做好，整週都不必煩惱。一份簡單美味的全穀早餐能讓你精神抖擻，迎接一整天的挑戰。

〔主要食材〕

◆ 全穀物：有一種東西叫新鮮穀物。如果你剛好住在磨坊附近，請購買現碾的燕麥和其他穀物。全國各地都有生產者回歸種植滋味更加豐富的傳統品種。我們今日非常幸運，在一般超市就能買到品項齊全的全穀物。我偏好有機產品，而且一律選購到期日最新的新鮮貨色。如果不馬上使用，我會儲藏在密封容器中冷凍保存以防變質。

◆ 甜味劑：Demerara金砂糖（類似台灣的二號砂糖）、粗糖、楓糖、椰糖，或是香味各異的蜂蜜、楓糖漿等液體甜味劑，以及高粱糖、水果乾、糖漿、奶油和果醬（p.181-199）都能大幅提升穀物風味。

◆ 乳製品：沒有牛奶的穀物就像沒有香味的玫瑰。許多人習慣飲用去脂或低脂牛乳、豆漿或杏仁奶，但是穀物與全脂牛奶的組合能夠創造天差地別的美味。如果想要享受極致放縱的滋味，那就加入少許半對半鮮奶油。以牛奶搭配熱穀物料理食用時，先加熱牛奶，以免穀物迅速降溫。優格和穀麥是天作之合。請購買原味優格，然後按照個人喜好添加甜味。全脂產品的風味最佳，但是低脂選項也同樣美味。

◆ 水果：新鮮水果向來是深受歡迎的早餐穀物良伴，切片草莓和香蕉享有最高人氣，但你也可以考慮覆盆子、藍莓、杏桃、水蜜桃、蜜李甚至芒果，可能性無窮無盡。果乾四季皆宜，但在冬天尤其好用。除了經典的葡萄乾之外，不妨試試蔓越莓乾、藍莓乾、草莓乾、櫻桃乾或切成大塊的乾燥蘋果，加在溫熱的穀物中尤其可口。如果想用穀物早餐幫你趕跑瞌睡蟲，撒上少許切碎的糖薑（搭配杏桃乾也是絕配）或是棗椰（它的味道已經夠甜，可以不必加糖）。

◆ 堅果與種子：所有堅果和種子都能與全穀物的核果香味和爽脆口感相互呼應。購買你能找到最新鮮的無鹽優質生貨（p.53），之後再自行烘烤。如果不立刻使用，請放在密封容器中冷凍儲存。

〔工具箱〕

◆ 雙層鍋：無論要將哪種穀物煮成熱粥，我都使用雙層鍋。雖然需要較長時間，但是成果絕對令人大呼值得。穀物會變得無比綿密美味。假設沒有雙層鍋，你也可以自行變通。選擇一個底部可與平底深鍋緊密接合的金屬碗。玻璃或陶瓷碗放在沸騰的熱水上可能裂開。在鍋中裝入足以應付長時間熬煮的適當水量。記得別讓熱水接觸到碗缽底部。可以用蓋子或鋁箔覆在碗上。碗會變燙，拿取時務必使用烤箱手套或廚房抹布。

◆ 烤盅：暖呼呼穀麥舒芙蕾（p.47）要裝在6盎司的陶瓷烤盅或可進烤箱的玻璃器皿內烘烤。垂直的碗壁有助舒芙蕾膨脹。

老式燕麥粥
OLD-FASHIONED OATMEAL

4人份

市面上提供太多即時產品，慢火燉煮大燕麥片的技術已成絕響。但是蒼白糊爛的燕麥粥不合我的口味，我願意耐心熬煮出一碗完美的燕麥粥。使用雙層鍋烹煮且不要攪拌是保留燕麥質樸風味的關鍵，攪拌會讓燕麥粥釋出太多澱粉，變成類似壁紙糨糊的質地。我的煮法則可釋放麥類香氣，讓麥粒顆顆飽滿並且保留些許嚼勁。務必立刻食用煮好的燕麥粥，絕對不能久放。但這不難做到，因為你肯定無法抗拒這碗熱騰騰粥品的誘惑。

小叮嚀　　購買老式大燕麥片，也就是用碾輪軋扁的整粒燕麥。快煮燕麥也是採用同樣的原料，只不過壓得更扁好更快煮熟；即時燕麥更是扁上加扁。我喜歡有厚度的燕麥，越厚越好。雖然烹調的時間較長，但多等的每一分鐘都很值得。

- 2杯（206克）老式大燕麥片
- 4杯（896克）冷水
- ¼小匙 細海鹽
- 溫牛奶，佐食用
- 糖、純楓糖漿或蜂蜜，佐食用

1. 在雙層鍋的上鍋放入燕麥、水和鹽，放到已注入冷水的雙層鍋下鍋上方。（或者在一個中型金屬碗中放入燕麥、水和鹽，放在已注入冷水的平底深鍋上方，使其底部與鍋緣緊密接合。水不應接觸碗缽底部。用鋁箔或蓋子覆蓋碗面。）以中火煮沸冷水後調至小火，保持穩定的微滾狀態，不要攪拌，煮到燕麥膨脹變軟為止，約需30分鐘。

2. 離火後保持覆蓋狀態靜置5分鐘。輕輕攪拌燕麥粥。立刻佐溫牛奶和其他你喜愛的甜味劑食用。

慢煮鋼切燕麥粒
SLOW-COOKED STEEL-CUT OATS

4人份

天啊，好棒的嚼勁！我正是喜愛這種穀物的Q彈口感以及濃郁質樸的燕麥風味。話說回來，雖然我喜歡彈牙爽脆的質地，但是在烹調鋼切燕麥粒時仍須仔細煮透。多年來我都使用McCann's的鋼切愛爾蘭燕麥粒，產自最優質的燕麥原料。目前市面上有許多可供選擇的產品。你可以全部嘗試然後選出最愛。

◇ 1杯（187克） 鋼切燕麥粒

◇ 4杯（896克） 冷水

◇ ¼小匙 細海鹽

◇ 溫牛奶，佐食用

◇ 2根 中型香蕉，切片

1. 在雙層鍋的上鍋放入燕麥、水和鹽，放到已注入冷水的雙層鍋下鍋上方。（或者在一個中型金屬碗中放入燕麥、水和鹽，放在已注入冷水的平底深鍋上方，使其底部與鍋緣緊密接合。水不應接觸碗缽底部。用鋁箔或蓋子覆蓋碗面。）以中火煮沸冷水後調至小火，保持穩定的微滾狀態，攪拌一到兩次，煮到燕麥膨脹變軟為止，約需50分鐘。

2. 離火後保持覆蓋狀態靜置5分鐘。輕輕攪拌燕麥粥。立刻佐伴溫牛奶和切片香蕉食用。

暖心五穀粥
FIVE-GRAIN HOT CEREAL

4人份

幾年前，我在超市的有機食品區買了Old Wessex Ltd.的五穀麥片（5 Grain Cereal），真是一大驚喜。我喜歡一匙吃進各種風味，這種混合整粒燕麥、黑麥、黑小麥、大麥和亞麻籽的超健康產品就此變成我百吃不厭的最愛。之後我還試過Bob's Red Mill等其他品牌，同樣美味無比。在寒冷的冬日早晨來上一碗尤其享受。

- 1杯（112克）五穀麥片
- 2½杯（560克）冷水
- ¼小匙 細海鹽
- 溫牛奶，佐食用
- 粗略切碎的芒果乾，佐食用
- 粗略切碎的烤腰果，佐食用
- 楓糖，佐食用

1. 在雙層鍋的上鍋放入穀物、水和鹽，放到已注入冷水的雙層鍋下鍋上方。（或者在一個中型金屬碗中放入穀物、水和鹽，放在已注入冷水的平底深鍋上方，使其底部與鍋緣緊密接合。水不應接觸碗缽底部。用鋁箔或蓋子覆蓋碗。）以中火煮沸冷水後調至小火，保持穩定的微滾狀態，攪拌一到兩次，煮到穀物膨脹變軟為止，約需25分鐘。

2. 離火後保持覆蓋狀態靜置5分鐘。輕輕攪拌燕麥粥。立刻佐伴溫牛奶、芒果、腰果和楓糖食用。

暖心六穀粥：
以新鮮的紅色和黃色覆盆子與一匙熟全麥仁（p.44）取代芒果和腰果（參左頁圖）。

美味頂料

煮得恰到好處的燕麥粥本身就是一道飽足的完整餐點，加入一點甜味劑和溫牛奶便可豪華升級，再來些許調味更是美味登頂。舉凡你喜歡的食物都可以加進燕麥粥。運用食品櫥裡的豐富食材發揮創意，巧妙調配你的最愛風味。以下是幾種最得我心的組合：

在燕麥粥上放幾顆葡萄乾和香蕉片，淋上蜂蜜增加甜味。視喜好用一顆沾滿蜂蜜的草莓做為裝飾。

在燕麥粥撒上少許熟全麥仁（見下方），放上一小塊無鹽奶油和幾片香蕉。以淺紅糖增加甜味。

熟全麥仁

全麥仁是從普通小麥取出的整粒種仁，包括麩皮、胚芽和胚乳，可在超市或天然食品商店購得。它們能為穀物、鬆餅麵糊和麵包增加Q彈口感，撒在沙拉上同樣美味。

烹調全麥仁的方法如下：在流動的冷水下沖洗½杯（50克）全麥仁，然後瀝乾。放入中型平底深鍋，注入冷水蓋過麥仁，使水面高出麥仁約2.5公分。以大火煮沸。蓋上鍋蓋，降至小火，燉煮到麥仁稍軟（應該保留些許嚼勁），需要1小時或更久，視麥仁的新陳而定。如果在麥仁煮軟前水分已完全吸收，請追加注水。用濾勺瀝去水分，在冷水下沖洗後再次瀝乾。熟麥仁可以存放在密封容器中冷藏最多三天。這個份量約可煮出1杯半。

柔滑麥片
CREAMY WHEAT CEREAL

4人份

我最喜歡的兒時早餐現在似乎不流行了，真不知道是為什麼。Wheatena牌麥片擁有濃郁的小麥風味，散發一股新鮮穀物中帶有的淡淡土壤芬芳與豐潤氣息。煮熟後的細小穀粒幾乎如同絲緞柔滑。我會以大量牛奶熬煮，引出它的自然甜味。只要遇到寒冷的冬日早晨，我就會想到這樣一碗冒著熱氣的麥片粥。我喜歡拌入蔓越莓乾和藍莓乾，最後淋上楓糖漿。

- 2杯（448克）冷牛奶
- 2杯（448克）冷水
- 1⅓杯（177克）麥片，例如Wheatena
- ½杯（92克）藍莓乾
- ½杯（80克）蔓越莓乾
- 2小匙 無鹽奶油
- ¼小匙 細海鹽
- 純楓糖漿或楓糖，佐食用
- 半對半鮮奶油、低脂鮮奶油或牛奶，佐食用

1. 在雙層鍋的上鍋加入牛奶、水、穀物、藍莓乾、蔓越莓乾、奶油和鹽，放在已注入冷水的雙層鍋下鍋上方。（或者在一個大型金屬碗中加入牛奶、水、穀物、藍莓乾、蔓越莓乾、奶油和鹽，放在已注入冷水的平底深鍋上方，使其底部與鍋緣緊密接合。水不可接觸碗缽底部。）以中火煮到水沸騰。調至小火，保持穩定的微滾狀態。掀開覆蓋物，頻繁攪拌，煮到液體完全吸收、穀物變軟為止，約需20分鐘。

2. 佐伴楓糖漿和半對半鮮奶油立即上桌享用。

暖呼呼穀麥舒芙蕾
HOT CEREAL SOUFFLÉS

4人份

端上一份這樣的早餐真是再優雅不過了。只要在你喜歡的穀物中加入蛋黃和打發的蛋白，就能變化出與眾不同的早餐。在烤盅底部放上一大匙果醬，就成了舒芙蕾的現成醬汁。

- 軟化無鹽奶油，塗抹烤盅用
- ½杯（157克）柑橘抹醬（p.194）
- 2½杯（560克）全脂牛奶
- ¾杯（132克）粗穀粉（Farina）或麥片，例如Cream of Wheat
- 3顆 室溫大型蛋，蛋白蛋黃分開

- 大匙 無鹽奶油
- 1大匙 細砂糖
- ½根香草莢的種子，以蘭姆酒漬香草莢為佳（p.15）或½小匙 純香草精
- ¼小匙 細海鹽
- 重乳脂鮮奶油或半對半鮮奶油，佐食用

---

1. 烤架放在烤箱中層，預熱至400℉／204℃。在4個6盎司烤盅或可進烤箱的玻璃器皿內部薄薄刷上一層軟化奶油。每個烤盅舀入2大匙果醬。

2. 在雙層鍋的上鍋攪拌牛奶和粗穀粉，放在已注入冷水的雙層鍋下鍋上方。（或者在一個中型金屬碗內攪拌牛奶和粗穀粉，放在已注入冷水的平底深鍋上方，使其底部與鍋緣緊密接合。水不可接觸碗缽底部。）以中火煮沸冷水後調至小火，保持穩定的微滾狀態，不要蓋上鍋蓋，不時攪拌，煮到穀粉柔軟且液體完全吸收為止，約需15分鐘。從下鍋移開上鍋。

3. 在大碗內打散蛋黃。分批加入熱穀粥中，然後扮進奶油、糖、香草籽和鹽。

4. 取一個乾淨的中型碗，使用乾淨的打蛋器，以手持式電動攪拌器高速打發蛋白，直到形成軟垂的尖端。在步驟3的穀粉蛋糊中加入四分之一量的蛋白，以矽膠刮刀攪拌，使質地變稀。加入剩下的蛋白，混拌均勻即可。

5. 在已抹奶油的烤盅內分別裝入上述糊料，輕輕抹平表面。放在半尺寸烤盤上送入烤箱，烤到舒芙蕾膨脹且表面略呈金黃，約需15分鐘。

6. 立刻享用。請客人用湯匙在舒芙蕾中間挖一個洞，倒入少許鮮奶油，讓舒芙蕾塌陷。

香濃玉米糕佐甜桃與栗子蜂蜜
CREAMY POLENTA WITH PEACHES AND CHESTNUT HONEY

4到6人份

白玉米粥是美國許多地方的日常早餐食物。這道玉米糕料理是我對玉米粥的致敬之作。玉米糕基本上與玉米粥無異，只是採用泛出金黃光澤的黃玉米粉。既可吃鹹也可吃甜，這裡我選擇做成甜食。成熟的水蜜桃和蜂蜜使它更加甜香多汁。務必用慢火烹煮玉米糕並時常攪拌，如此才能確保質地柔滑綿密。

- 4杯（896克）冷水
- ¾小匙 細海鹽
- 1杯（160克）粗黃玉米粉
- 1大匙 無鹽奶油
- 熟水蜜桃，切片，佐食用
- 栗子蜂蜜，佐食用

1. 取一個中型厚底單柄深鍋，加入2杯（448克）冷水和鹽，以大火煮到沸騰。

2. 在中型碗內混合粗玉米粉和剩下的兩杯（448克）冷水，一邊倒入步驟1的沸水中一邊攪拌，再次煮滾。調成小火燉煮，不時攪拌，確保鍋鏟刮到鍋子的每個角落，煮到玉米糕變得濃稠綿密，約需40分鐘。

3. 玉米糕離火，拌入奶油。立刻搭配水蜜桃和蜂蜜上桌。

牛奶土司：吃進一碗療癒風味

我還是小女孩時，媽媽會把Zwieback乾麵包片或荷蘭的Rusks麵包乾泡在牛奶裡給我當早餐吃。我愛死了。長大之後，每當我用土司蘸食半熟蛋或奶油醬都會想起這道美食。因此我重新發掘牛奶土司。舒心療癒，溫暖美味的牛奶土司。

這種吃法的歷史悠久，在許多文化中都能找到它的蹤跡。只要把烤好並塗上奶油的土司放在碗內，倒入溫熱牛奶，再以水果、楓糖漿、糖或蜂蜜增加甜味，就能輕鬆上桌，放送清新又暖心的魅力。如果有隔夜麵包，這也是物盡其用的絕佳方式。

自製麵包當然最適合製作牛奶土司，但也可以從麵包店購買品質良好的麵包。無論如何，隔夜都比新鮮為佳。選擇能夠耐受浸泡的土司：細緻柔軟的質地效果較好，富有嚼勁和孔隙的麵包不太適合。選好適用的麵包後，切成2.5公分的厚片烘烤。立刻塗上奶油。將一片熱呼呼的土司放入碗中，倒進溫牛奶，從我最愛的下列組合中擇一增添色香味，或是自行創造獨家配料。

◆ 烤過並塗上奶油的自製猶太哈拉麵包（p.164）切片
  或購自烘焙坊的布里歐修麵包、全脂牛奶、切片香蕉、切片草莓和糖。

◆ 烤過並塗上奶油的自製蘋果肉桂麵包（p.159）切片或購自烘焙坊的肉桂麵包、溫熱全脂牛奶、楓糖漿和自製蜜李果醬（p.192）或店售蜜李果醬（上圖）。

◆ 購自烘焙坊的葡萄麵包，烤過並塗上奶油、溫熱全脂牛奶、切片新鮮杏桃和自製杏桃抹醬（p.195）或市售杏桃抹醬。

朝氣蓬勃香脆穀麥
MORNING CRUNCH GRANOLA

約16杯

這個穀麥配方是我的最愛，而且可以一次做好大部分家庭幾週所需的份量。不論是配料（請參閱下方的變化版本）或吃法都有很大的自由發揮空間。我通常會在穀麥上鋪一些切片香蕉、新鮮草莓或手邊現有的當季水果。

- 植物油，塗抹烤盤用
- 4杯（464克）生杏仁片
- 1杯（149克）去殼生葵花子
- ½杯（170克）蜂蜜
- ½杯（146克）純楓糖漿

- 7杯（721克）老式大燕麥片
- 1杯（60克）麥麩
- 1杯（100克）無糖椰絲
- 1杯（160克）葡萄乾
- 牛奶或原味優格，佐食用

1. 烤架放在烤箱中層，預熱至350℉／177℃。在大烤盤表面薄薄塗上一層植物油。

2. 在半尺寸烤盤表面撒上杏仁，送入烤箱烘烤，偶爾翻拌，烤到輕微上色，約需8到12分鐘。放入大碗備用。

3. 在同一個烤盤鋪上葵花子，送入烤箱烘烤，偶爾翻拌，烤到輕微上色，約需8到12分鐘。放到剛才盛裝杏仁的碗內。

4. 取一個小碗，放入蜂蜜和楓糖漿攪拌均勻。在刷好油的大烤盤內放入燕麥，淋上蜂蜜楓糖漿混合物，用手混拌使燕麥均勻裹上糖漿。送入烤箱烘烤。偶爾翻拌，直到燕麥烤成淡淡金黃，約需15到20分鐘。倒入剛才盛裝杏仁和葵花子的碗內，完全放涼。

5. 在上述堅果穀物中拌入麥麩、椰絲和葡萄乾。穀麥放在密封容器中可於室溫下保存最多1個月。佐牛奶或優格食用。

胡桃酸櫻桃穀麥：用胡桃取代杏仁片，切碎酸櫻桃乾取代葡萄乾。

南瓜籽草莓乾穀麥：加入去殼生南瓜籽，並以冷凍草莓乾取代葡萄乾（參右頁圖）。

穀麥棒
GRANOLA BARS

16根

為了保留穀麥棒的健康特性，我避免在燕麥混合物中加入奶油或植物油。但是烘焙師本能仍然蠢蠢欲動。我喜歡奶酥，什麼都可以加上一點。所以我就加了，在富含堅果的底層和果醬夾心表面鋪上一層奶酥。結果顯示這正是「健康」穀麥棒需要的元素。這款穀麥棒吃起來更像甜點，每咬一口都會酥脆掉屑，所以請盛放在盤內享用。

小叮嚀	烤好的穀麥必須靜置至少8小時才能切成棒狀。

奶酥

- ½杯（75克）石磨全麥麵粉
- 2大匙（平匙）淺紅糖
- 一撮 細海鹽
- 3大匙 無鹽奶油，融化放涼
- ¼小匙 純香草精

- 軟化無鹽奶油，塗抹烤盤用
- 3杯（309克）老式大燕麥片
- 1杯（116克）烤過杏仁片（p.53）
- ½杯（75克）烤過無鹽花生，切碎
- ¾杯（109克）酸櫻桃乾，切碎
- ½杯（100克）杏桃乾，切碎
- 1杯（340克）蜂蜜
- ¼小匙 細海鹽
- ½杯（154克）柑橘抹醬（p.194）、杏桃抹醬（p.195）或市售Sarabeth's柳橙杏桃果醬

1. 製作奶酥：取一個小碗，用手指混合麵粉、紅糖、鹽、奶油和香草，直到材料結合成為奶酥粒。放旁備用。

2. 烤架置於烤箱中層，預熱至350℉／177℃。在一個33×23×3公分的烤盤表面塗抹奶油並鋪上烘焙紙，四邊都高過烤盤邊緣。烘焙紙塗上奶油。

3. 取一個大碗，用手混合燕麥片、杏仁、花生、櫻桃乾、杏桃、蜂蜜和鹽，直到堅果和果乾均勻沾裹蜂蜜與鹽。倒入鋪紙塗油的烤盤，鋪成均勻的一層。拿一張不沾烘焙墊或烘焙紙放在混合物表面，用力壓實，讓表面變得平整。拿掉烘焙墊或紙，在混合物上均勻鋪抹柑橘抹醬，最後在頂層撒上奶酥。

4. 烤成金棕色且質地緊實，約需30分鐘。取出烤盤移到網架上，靜置至少8小時。

5. 拿著超出烤盤邊緣的烘焙紙，小心將烤好的穀麥移出烤盤放上砧板。縱切成四等分長條，每條再斜切成4段，總共切出16條穀麥棒。放在密封容器中最多可在室溫下保存3天。

焙烤堅果與種子

堅果與種子焙烤後會產生酥脆口感。想讓堅果或種子均勻上色又不烤焦，使用烤箱的效果最好。堅果（榛果的處理方式另於下方說明）或種子鋪在半尺寸烤盤上，放入以350℉／177℃預熱的烤箱烘烤，偶爾翻拌，直到散發香氣並輕微上色，約需8到12分鐘。一批僅烘烤一種堅果，因為不同類型的堅果與種子焙烤速度不同。小心不要烤焦，尤其注意較小顆種實的狀況。

焙烤榛果時請按照上述步驟進行，但要烤到外皮裂開脫落，約需10分鐘。包在乾淨的廚房布巾內靜置10分鐘。揉搓包在廚房布巾內的榛果去除種皮。殘留少許種皮沒有關係。

無論哪種堅果都要完全放涼後才能弄碎。請使用大把重刀處理。食物調理機不是好主意，因為強力攪拌會讓堅果釋放油脂。只要將刀子的平坦面放在堅果表面向下壓，就能壓碎堅果。

早餐餅乾
MORNING COOKIES

約36片餅乾

幾年前，我決定創作一款早餐餅乾。它必須包括富含纖維的全穀物和種子，但依然美味可口。我以自家烘焙坊的基礎巧克力碎片餅乾食譜作為基底，拿掉巧克力後做出這款完美的早餐點心，它不僅是品嚐咖啡時的良伴，也方便在匆忙出門時隨手抓上幾片。酥脆的餅乾總是令我難以抗拒，我想你們也會喜歡它的清脆口感和濃郁椰香。它們已經成為我餓感來襲時的首選餅乾，也是烘焙坊的銷售冠軍。如果你剛好沒那個心情自己製作，就來店裡買一包吧！

小叮嚀　如果沒有四個半尺寸烤盤，等到前一批的烤盤完全冷卻後，再繼續烘烤下一批餅乾。

- 1杯（142克）未漂白中筋麵粉
- ¾小匙 烘焙用小蘇打
- ½小匙 細海鹽
- 1杯（103克）老式大燕麥片
- 1杯（64克）脆燕麥麩麥果，弄碎，以Barbara's品牌為佳
- ½杯（75克）石磨全麥麵粉
- ½杯（50克）無糖椰絲
- ⅛小匙 現磨荳蔻
- 1小匙 純香草精
- 1小匙 現磨檸檬皮碎
- ⅔杯（131克）細砂糖
- ⅔平杯（131克）淺紅糖
- 8大匙（114克）室溫無鹽奶油，切成1.3公分方塊
- 2顆 室溫大型蛋，打成蛋液

MORNING COOKIES

1. 兩個烤架分別置於烤箱中層與上層，以350℉／177℃預熱。四個半尺寸烤盤鋪上烘焙紙。

2. 取一個中型碗，混拌中筋麵粉、烘焙用小蘇打和鹽。加入燕麥片、弄碎的脆燕麥麩麥果、全麥麵粉、椰絲和荳蔻，用指尖混拌均勻。在另一個中型碗內揉合混拌香草、檸檬皮碎、細砂糖和紅糖，直到均勻融合。

3. 重載型直立式攪拌機裝上攪拌槳，攪拌缸加入奶油，以中速攪拌至柔滑，約需1分鐘。分批加入步驟2中的糖混合物，不時用矽膠刮刀刮淨缸壁，直到糊料滑順，約需2分鐘。分次加入蛋液攪打，使糊料完全吃進，偶爾刮淨缸壁。攪拌機降至低速，分批加入步驟2中的麵粉混合物，攪拌直到原料融合即可。

4. 使用直徑約3.8公分的冰淇淋勺舀取麵糊，放在鋪了烘焙紙的烤盤上，彼此間隔約3.8公分。在餅乾麵團上放一張乾淨的烘焙紙，再放上一個半尺寸烤盤，向下施力將麵團壓扁至約0.8公分厚。拿走上方烤盤與烘焙紙。繼續對另一個烤盤進行相同作業。

5. 一次烘烤兩盤餅乾，在烘焙到一半時上下調換烤盤與前後方向，直到烤成淺金棕色，約需15到17分鐘。餅乾連著烤盤一起移到網架上，靜置至完全冷卻。放在密封容器中的餅乾可於室溫下保存最多1週。

Knekkebrød種子全穀物脆餅
KNEKKEBRØD

3個半尺寸烤盤份量

我是脆餅控，但不是迷那種薄脆易碎的鹽蘇打餅，而是洋溢麥香，咬起來有穀物顆粒的硬脆餅。我的兄弟梅爾知道我對脆餅的愛，有一天很興奮地跟我分享在挪威開會時吃到的早餐脆餅。那時他每天早上都大啖飽含種子的豐盛脆餅。他向餐廳請教食譜，後來發現他們給的食譜其實網路上都查得到。他告訴我食譜出處和基本原料，我便開始創造自己的配方和技巧。我不確定這款脆餅是否跟梅爾吃到的一樣，但我自己非常喜歡。

- 1⅓杯（200克）石磨全麥麵粉
- 2杯（206克）老式大燕麥片
- ⅔杯（99克）去殼生葵花子
- ⅓杯（50克）芝麻

- ¼杯（50克）亞麻籽
- 1小匙 細海鹽
- 1½杯（336克）冷水

1. 取三個烤架，分別置於烤箱的上、中和下層，以325℉／163℃預熱烤箱。如果你只有兩個烤架，先烤完兩盤，再烤第三盤。

2. 在大碗中混合麵粉、燕麥片、葵花子、芝麻、亞麻籽和鹽。加入冷水，攪拌成厚實黏稠的麵團，用保鮮膜鬆鬆包起，靜置鬆弛10分鐘。

3. 麵團分成3等份。取一份放在不沾烘焙墊或約28×41公分的烘焙紙上。再拿一張28×41公分的烘焙紙放在麵團頂端，擀成厚0.2公分的麵皮，形狀不規則或邊緣參差不齊也沒關係，移到半尺寸烤盤上，取下麵皮表面的烘焙紙。以同樣方式處理另外兩塊麵團。

4. 烘烤脆餅麵皮，在烘焙到一半時上下調換烤盤與前後方向，直到烤乾水分並呈淺金棕色，約需45分鐘。脆餅連著烤盤一起移到網架上，靜置至完全冷卻。

5. 脆餅掰成塊狀，放在密封容器中可於室溫下保存最多1個月。

玉米麵包
CORNBREAD

一條，10到12人份

多年前，我在紐約市東村的Angelica Kitchen嘗到玉米麵包，立刻愛上它。它是如此美味，好吃到我不敢相信它是無蛋素食。我自己創作的顆粒感玉米麵包同樣不含蛋，但我決定使用奶油賦予它無可比擬的濃郁奶香。這款濕潤的全穀物麵包不會太甜，能夠突顯玉米粉的風味。如果是要快速吃個早餐，我會切幾片稍微烤過，簡單塗上厚厚一層奶油或杏仁奶油；如果要做為豐盛的早午餐，就會鋪上酪梨片、番茄和培根。

- 軟化無鹽奶油，塗抹烤模用
- 2杯（320克）磨成極細的黃玉米粉
- ½杯（75克）石磨全麥麵粉
- ½杯（71克）未漂白中筋麵粉
- 2大匙 鷹嘴豆粉
- 1大匙 泡打粉
- ½小匙 薑粉

- ¼小匙 現磨荳蔻
- ½小匙 細海鹽
- 2杯（448克）無糖蘋果汁
- 8大匙（114克）無鹽奶油，融化放涼
- ½杯（146克）純楓糖漿
- 1大匙 蘋果酒醋

1. 烤架置於烤箱中層，以325℉／163℃預熱烤箱。在9×5×3英吋（約23×13×8公分）的磅蛋糕模內部塗抹奶油。

2. 取一個大碗，混合玉米粉、全麥麵粉、中筋麵粉、鷹嘴豆粉、泡打粉、薑、荳蔻和鹽。

3. 在中碗內混合蘋果汁、融化奶油、楓糖漿和醋。加入步驟2的乾粉類食材，用打蛋器攪拌均勻。靜置5分鐘，用刮刀將麵糊倒入磅蛋糕模。以曲柄抹刀抹平表面。

4. 烤到表面呈金棕色後，將蛋糕測試針插入玉米麵包中央，抽出後沒有沾黏物即可，約需45到50分鐘。模具移到網架上放涼15分鐘，然後翻轉模具倒出麵包，置於烤架上直到完全冷卻。

Chapter Three

鬆餅、烙捲餅、俄式可麗餅

我做的「鍋餅」分成三類：蓬軟的厚鬆餅、扁平有嚼勁的「烙捲餅」，以及纖薄細緻的俄式可麗餅。雖然它們的厚度口感各異，但是做法同樣簡單完美，只要做好麵糊，放在爐上煎幾分鐘，就能快速做好美味早餐。這類鍋餅不會太甜，所以你可根據個人口味以糖漿或其他淋料增加甜味。

　　我最喜歡用手拿起這三種鍋餅直接品嘗。鬆餅的小麥甜香深得我意，我會像吃麵包那樣抹上奶油，捲成雪茄狀一口一口蘸著小碗楓糖漿享用，蘸量不多，微甜即可。烙捲餅也是同樣吃法，但我會在奶油上撒點紅糖，跳過糖漿。如果我做了鍋餅大家族中最細緻的俄式可麗餅，有時會把這些纖薄如紙的圓餅撕成條狀，就吃原味。我想你應該會以較傳統的方式品嘗這些鍋餅，但希望你能試試我的吃法，一次就好——直接拿著吃的滋味加倍美好。

〔主要食材〕

◆ 純楓糖漿：絕對避免使用「鬆餅糖漿」或其他仿糖漿。真品的味道總是最好。技術上來說，A級楓糖漿擁有最高品質，也最為細緻澄澈，但是B級和C級的濃郁芳醇同樣誘人。喜歡強烈楓糖風味可以選擇深琥珀色者，偏好柔和風味請選擇淺琥珀色。

◆ 鮮奶油霜：務必自己製作，成品比起任何罐狀或管狀產品好吃百倍。而且做起來難以置信地快速簡單。

鮮奶油霜

2杯份

　　在裝滿冰塊和水的大碗中放一個中型碗，加入一杯（232克）十分冰涼的重乳脂鮮奶油。使用手持式電動攪拌器以高速打發，直到鮮奶油變得稍微濃稠並可在表面留下痕跡。分批加入3大匙細砂糖和¼根香草莢種子，以蘭姆酒漬香草莢為佳（p.15），或¼小匙純香草精。繼續攪打直到形成軟垂尖端。立刻使用，或是覆蓋冷藏，最多可保存2小時。食用前請先輕輕攪打。

◆ 煎盤：你不需要煎盤，但使用這種工具可以快速做出大量餅皮。最好用的是雙口爐鑄鐵煎盤。鑄鐵導熱最為均勻，但是必須在使用前先養鍋並經常使用，以便創造出一層天然不沾表面。座檯式電熱煎板擁有大片烹調區域，並可選擇多種表面花紋，而且方便在桌上現煎現吃。如果你不想買一個鬆餅煎盤，使用兩個平底鍋也可以快速大量製作。

◆ 可麗餅煎鍋：做過良好養鍋處理的可麗餅煎鍋可以煎出特別完美的烙捲餅。這種鍋具底部平整，邊緣較低，能夠輕鬆翻面。如果手邊沒有，也可使用不沾平底鍋。

◆ 煎鏟：其實就是炒菜鏟。務必使用跟鬆餅面積相同或差不多大的煎鏟（寬度約10公分），同時具備曲柄、堅固和纖薄等特質。如果使用不沾鍋，確保使用矽膠鍋鏟以免刮傷表面。

◆ 矽膠糕點刷：這種刷具可以耐受高溫，適合為熱煎盤和平底鍋刷油。可在廚房用品專賣店購得。

◆ 冰淇淋勺：舀取量約⅓杯的直徑約5公分小容量冰淇淋勺最適合為鬆餅麵糊塑形。可以乾淨輕鬆地舀取放置麵糊，並且製作出完美的圓形鬆餅。

製作完美鬆餅的祕訣

1. 避免過度攪拌鬆餅麵糊，否則成品會又硬又韌。要避免過度攪拌，請先分別混合乾料和濕料，然後再結合兩者，攪拌至麵糊柔滑即可停手。麵糊裡應該還會殘留少許麵粉塊或麵粉絲，使用麵糊時就會消失。如果要在麵糊中加入其他食材，例如藍莓，那麼麵糊出現大量結塊也沒關係，因為之後拌入其他材料時，你還會再進一步攪拌麵糊。

2. 利用煎盤或平底鍋加熱的時間讓麵糊靜置幾分鐘，這可使麵糊中的筋度鬆弛，麵粉塊水合溶解，做出更鬆軟的鬆餅。如果麵糊在靜置後變得太濃稠，請另外加入少許牛奶，讓麵糊恢復原本的稀稠度。

3. 等到煎盤或平底鍋完全加熱之後再倒上麵糊。你可以利用下列方式檢查煎盤溫度，確保萬無一失：手指浸入冷水，甩幾滴水在煎盤上，如果水在煎盤表面形成水珠，短暫跳動並滑過表面後蒸發，即達到適當溫度。

4. 我用澄清奶油（p.66）為煎盤或平底鍋塗油。你可以用植物油，但是它缺乏澄清奶油的風味，以及煎出焦色和耐受高溫的能力。用矽膠糕點刷在表面均勻薄薄塗上一層油。你肯定不想讓煎餅在過多油裡變成炸餅。

5. 要製作完美的圓形鬆餅，請用直徑5公分的冰淇淋勺或⅓杯乾式量杯，舀起⅓杯量的麵糊，再用冰淇淋勺或量杯底部輕輕將麵糊攤平為10公分的圓形。

6. 不妨先做一個「測試鬆餅」來檢查烹調表面的溫度。然後做完剩下的麵糊，視需要調整火力，讓外緣煎成均勻棕色且內部熟透。小心將鬆餅翻面（把鬆餅拋高甩到空中也不會多加幾分）。煎到底部金黃且表面浮出泡泡後即可翻面，只要翻一次面，不然鬆餅體積會縮水。

7. 一起鍋就上桌的鬆餅是最極致的美味。我在爐邊煎餅時，孫子們就在旁邊排隊等待，持續不斷端出鬆餅，直到麵糊煎完為止。如果萬不得已，你可以把鬆餅放在鋪了烘焙紙的半尺寸烤盤上，留在預熱到200℉／93℃的烤箱中保溫最多10分鐘。

8. 先準備好配料放在早餐桌上。這樣家人朋友就可以迅速取用。鮮奶油霜除外。配料務必保持溫熱或室溫。冰奶油掙扎著在熱鬆餅上融化的畫面真是不堪想像。最理想的狀況是連盤子都保持溫熱。只要將盤子放在預熱到200℉／93℃的烤箱中加熱幾分鐘即可。

份量註記：我在食譜中寫了可做出的鬆餅數量，但這很難換算成幾人份。因為每個人的胃口不一，小孩可能只想吃一兩個鬆餅，老爸則想吃到四個。

基本鬆餅麵糊
BASIC PANCAKE MIX

6杯，大約36個鬆餅

如果在冰箱或冷凍庫中貯備一些這種自製奶油麵糊，就能在週間的任一天早晨神清氣爽地端出鬆餅（p.69）或烙捲餅（p.79）。我的冷凍庫裡永遠都有一包這種麵糊。它們最得我歡心的一點就是能在幾分鐘內讓我悠閒端出香味撲鼻的餐點。

- 4½杯（639克） 無漂白中筋麵粉
- 3大匙 泡打粉
- 1¼小匙 細海鹽
- 12大匙（171克） 無鹽奶油，切成約1.3公分方塊，保持冰涼

1. 重載型直立式攪拌機裝上攪拌槳，攪拌缸中放入麵粉、泡打粉和鹽，以中低速攪拌均勻，約需1分鐘。加入奶油，用指尖輕輕翻拌，直到奶油沾裹麵粉。繼續以中速攪拌，直到糊料細滑柔順，約需10分鐘。這個作業需要較長時間，因為麵粉必須完全吃進奶油，不能殘留任何奶油塊。

2. 麵糊應該立刻使用或放進密封容器中冷藏，最多可保存2週。冷凍則最多保存1個月。

澄清奶油
CLARIFIED BUTTER

約1½杯

我幾乎想不出奶油的缺點。它的風味無與倫比,而乳瑪琳完全不在我的選項之內。奶油唯一有待改進的地方就是燃點過低。它的成分大多是油脂,還有少量的乳固形物和水。使用高脂奶油的效果更好。如果在平底鍋或煎盤裡加熱奶油,乳固形物會燒焦且脂肪會冒煙。而用燒焦奶油煮出來的食物嘗起來也有焦味。若是先將乳固形物從奶油中移除,留下的脂肪就能耐受更高溫度,不會燒焦。

澄清奶油就是移除乳固形物的奶油。程序非常簡單:加熱奶油使內含的少量水分蒸發,並使乳固形物與油脂分離。產生的澄清奶油可以冷藏變成固狀。我們餐廳每天都要澄清好幾磅奶油。我們喜歡利用雙層鍋法以避免燒焦的可能。在家製作的話,假使你有空待在爐邊看火,或許你會偏好採用直火快速方法的版本,做法就在下面。澄清奶油是為煎盤或鬆餅烤模上油的必要元素,也可作為烹飪油用於炒炸。

- 454克無鹽奶油,切成約1.3公分小塊

1. 奶油放入雙層鍋的上鍋,然後將上鍋置於下鍋的微滾熱水上方以融化奶油,偶爾攪拌並撇除浮在表面的泡沫。約需20分鐘。

2. 所有融化奶油倒入約473毫升的容器中,不上蓋子,放涼至室溫。然後蓋緊蓋子冷藏,直到奶油凝固為止,至少需要2小時,最多放一夜。

3. 使用木湯匙的匙柄在凝固奶油的表面戳一個直達容器底部的洞,倒出乳白色液體,讓容器中只留下黃色的澄清奶油。澄清奶油可以冷藏在同一個密封容器中,蓋上蓋子,最多可保存3週。

快速澄清奶油:
取一個中型平底深鍋,以中火徹底煮沸奶油後繼續加熱30秒。離火靜置5分鐘。從奶油表面撇除泡沫。然後將澄清奶油倒入小碗,讓固狀物留在鍋內。立刻使用,或靜置冷卻20分鐘,上蓋後可以冷藏保存最多3週。

經典白脫奶鬆餅
CLASSIC BUTTERMILK PANCAKES

約12個鬆餅；4到6人份

這款鬆餅能被封為經典自有道理：它們嘗起來就像加了香精那樣美味，並且帶來令人放鬆的療癒感，這正是大家對白脫奶鬆餅魂牽夢縈的原因。白脫奶可為萬用鬆餅麵糊帶來一絲發酵酸味和鬆軟質地。我仍會使用全脂牛奶為麵糊添加明顯但細緻的奶香。兩種牛奶相輔相成，成就這款傳統鬆餅的完美版本。

2顆 大型蛋	2杯（284克） 基本鬆餅麵糊（p.65）
1杯（224克） 全脂牛奶	1大匙 澄清奶油（p.66）或植物油（視需要）
½杯（112克） 低脂白脫奶	軟化無鹽奶油，佐食用
2大匙 細砂糖	溫熱的純楓糖漿或水果糖漿（p.183），佐食用
1小匙 純香草精	

1. 在中型碗中打散蛋液，倒入牛奶、白脫奶、糖和香草攪打均勻。

2. 取一個大碗放入鬆餅麵糊，中間挖一個洞並倒入步驟1的蛋混合液。以打蛋器輕柔翻拌直到材料融合。不要過分攪拌，以免鬆餅變硬變韌。

3. 以中小火加熱已做好養鍋處理的鑄鐵或不沾煎盤或平底鍋，薄薄刷上一層澄清奶油，用乾淨廚房布巾或紙巾擦掉多餘油量。使用直徑5公分的冰淇淋勺或乾式量杯（⅓杯）舀起麵糊放上煎盤，每個鬆餅之間留出約2.5公分的間隔。用冰淇淋勺或量杯底部將麵糊輕輕攤成10公分的圓形。加熱直到表面浮出泡泡，約需2分鐘。小心將鬆餅翻面，煎到另一面呈金棕色，約需再2分鐘。立刻上桌，或移到鋪了烘焙紙的半尺寸烤盤上，放入預熱到200℉／93℃的烤箱中保溫。按照上述步驟用完剩下的麵糊。

4. 趁熱搭配軟化奶油和溫熱糖漿上桌。

藍莓鬆餅：

麵糊加入2杯新鮮藍莓（284克），小心不要過度攪拌。搭配溫熱的楓糖漿一起上桌，並在頂端撒上幾顆新鮮藍莓（見左頁圖）。

莎拉貝斯的全麥鬆餅
SARABETH'S WHOLE WHEAT PANCAKES

約16個鬆餅；6到8人份

以我個人的口味來說，這款鬆餅是終極冠軍。孫子來玩時我總會製作一大批。他們一致認為這是無庸置疑的優勝者，甚至沒發現麵糊裡摻了全麥麵粉。由於鬆餅本身不怎麼甜，想淋多少糖漿都可以。而且這份食譜很有彈性，可以做出許多靈活變化，像是杏桃杏仁口味、全麥仁鬆餅版本或發揮自我創意之作。

2大匙 細砂糖

½小匙（平匙）現磨柳橙皮

1杯（150克）全麥麵粉

1杯（142克）未漂白中筋麵粉

1大匙 泡打粉

½小匙 細海鹽

2顆 大型蛋，蛋黃蛋白分開

1½杯（336克）全脂牛奶

1大匙 無鹽奶油，融化放涼

1小匙 純香草精

1大匙 澄清奶油（p.66）或植物油（視需要）

軟化無鹽奶油，佐食用

溫熱的純楓糖漿或水果糖漿（p.183），佐食用

1. 在大碗中混合糖和柳橙皮碎並用指尖揉合。拌入全麥麵粉、中筋麵粉、泡打粉和鹽。

2. 取一個中型碗，放入蛋黃、牛奶、奶油和香草攪打柔滑。在步驟1的乾粉類材料中間挖一個洞，倒入剛才的蛋奶混合液。以打蛋器輕柔翻拌直到材料融合。不要過分攪拌，以免鬆餅變硬變韌。

3. 在一個乾淨的大碗中放入蛋白，用乾淨的打蛋器打發，直到形成軟垂尖端。取三分之一蛋白放入麵糊中加以稀釋，再用矽膠刮刀分兩次輕柔拌入剩餘的蛋白，直到融合即可。

4. 以中小火加熱已做好養鍋處理的鑄鐵或不沾煎盤或平底鍋，薄薄刷上一層澄清奶油，用乾淨廚房布巾或紙巾擦掉多餘油量。使用直徑5公分的冰淇淋勺或乾式量杯（⅓杯）舀起麵糊放上煎盤，每個鬆餅之間留出約2.5公分的間隔。用冰淇淋勺或量杯底部將麵糊輕輕攤成10公分的圓形。加熱直到表面浮出泡泡，約需2分鐘。小心將鬆餅翻面，煎到另一面呈金棕色，約需再2分鐘。立刻上桌享用，或移到鋪了烘焙紙的半尺寸烤盤上，放入預熱到200℉／93℃的烤箱中保溫。按照上述步驟用完剩下的麵糊。

5. 趁熱搭配軟化奶油和溫熱糖漿食用。

杏桃杏仁鬆餅：
麵糊中加入½杯（58克）烤過（p.53）且粗略切碎的杏仁片。上桌前在鬆餅頂端鋪上切片新鮮杏桃或一匙杏桃抹醬（p.195）。

全麥仁鬆餅：
在麵糊中加入½杯（50克）瀝乾的全麥仁（p.44）。上桌前於鬆餅頂端放上軟化奶油和溫熱糖漿。

燕麥鬆餅
OATMEAL PANCAKES

約12個鬆餅；4到6人份

香蕉和燕麥是天作之合，凡是吃過燕麥配香蕉片的人都能證明。在這道食譜中，燕麥提供口感和種子香氣，香蕉則增添甜味。這款鬆餅可以快速做好，是適合闔家享用的健康餐點。優格先從冰箱拿出來30分鐘，等到不再冰涼後再端上桌享用。

- 1¼杯（129克）老式大燕麥片
- 1¼杯（178克）無漂白中筋麵粉
- 2大匙 細砂糖
- 2小匙 泡打粉
- ⅛小匙（平匙）現磨荳蔻
- ¼小匙 細海鹽
- 2顆 大型蛋
- 1½杯（336克）全脂牛奶

- 2小匙 無鹽奶油，融化
- 1小匙 純香草精
- 1大匙 澄清奶油（p.66）或植物油（視需要）
- 原味希臘優格，置於冷涼室溫下，佐食用
- 溫熱的純楓糖漿，佐食用
- 切片香蕉，佐食用

1. 使用食物調理機以「Pulse」（高速瞬轉）模式間歇攪打燕麥片，直到成為細粉。倒入大碗，加進麵粉、糖、泡打粉、荳蔻和鹽攪拌均勻。

2. 取一個中型碗，打散蛋液，拌入牛奶、奶油和香草，直到完全混合。在乾粉材料中央挖一個洞，倒入上述蛋奶液。使用打蛋器輕柔翻拌直到材料融合。不要過分攪拌，以免鬆餅變硬變韌。讓麵糊靜置10分鐘。

3. 以中小火加熱已做好養鍋處理的鑄鐵或不沾煎盤或平底鍋，薄薄刷上一層澄清奶油，用乾淨廚房布巾或紙巾擦掉多餘油量。使用直徑5公分的冰淇淋勺或乾式量杯（⅓杯）舀起麵糊放上煎盤，每個鬆餅之間留出約2.5公分的間隔。用冰淇淋勺或量杯底部將麵糊輕輕攤成10公分的圓形。加熱直到表面浮出泡泡，約需2分鐘。小心將鬆餅翻面，煎到另一面呈金棕色，約需再2分鐘。立刻上桌，或移到鋪了烘焙紙的半尺寸烤盤上，放入預熱到200℉／93℃的烤箱中保溫。按照上述步驟用完剩下的麵糊。

4. 趁熱搭配優格、溫熱糖漿和香蕉食用。

玉米鬆餅
CORN PANCAKES

約14個鬆餅；4到6人份

對於那些無法在早晨抗拒玉米甜美滋味的人，在此獻上玉米鬆餅。我的祕方是在細緻的玉米粉中拌入玉米粒。有機玉米粉是以味道濃郁的玉米粒用石磨研製而成，吃起來最為美味。大規模工業生產的玉米粉使用金屬軋輪，會產生溫度加熱玉米粉，導致風味減損。這款如陽光般金黃的鍋餅最適合淋上溫熱蜂蜜食用。

¾杯（107克）無漂白中筋麵粉	1杯（224克）全脂牛奶
¾杯（120克）超細研磨黃玉米粉	1大匙 特級初榨橄欖油
2大匙 細砂糖	½杯（79克）新鮮或瀝乾的罐頭玉米粒
1大匙 泡打粉	1大匙 澄清奶油（p.66）或植物油（視需要）
⅛小匙 細海鹽	軟化無鹽奶油，佐食用
2顆 大型蛋	溫熱蜂蜜，佐食用

1. 在大碗內混合麵粉、玉米粉、糖、泡打粉和鹽。取一個中型碗打散蛋液，加入牛奶和橄欖油攪拌均勻。在乾粉類材料中間挖一個洞，倒入蛋奶油液。以打蛋器輕柔翻拌至材料融合。不要過分攪拌以免鬆餅變硬變韌。使用矽膠刮刀輕柔拌入玉米粒，直到均勻分布。

2. 以中小火加熱已做好養鍋處理的鑄鐵或不沾煎盤或平底鍋，薄薄刷上一層澄清奶油，用乾淨廚房布巾或紙巾擦掉多餘油量。使用直徑5公分的冰淇淋勺或乾式量杯（⅓杯）舀起麵糊放上煎盤，每個鬆餅之間留出約2.5公分的間隔。用冰淇淋勺或量杯底部將麵糊輕輕攤成10公分的圓形。加熱直到表面浮出泡泡，約需2分鐘。小心將鬆餅翻面，煎到另一面呈金棕色，約需再2分鐘。立刻上桌，或移到鋪了烘焙紙的半尺寸烤盤上，放入預熱到200℉／93℃的烤箱中保溫。按照上述步驟用完剩下的麵糊。

3. 搭配軟化奶油和溫熱蜂蜜趁熱上桌。

藍莓玉米鬆餅：在麵糊中拌入玉米時，同時加進1杯（142克）藍莓。

白切達乳酪鬆餅佐香煎蘋果
WHITE CHEDDAR PANCAKES WITH SAUTÉED APPLES

約20個鬆餅
6到8人份

我把這道食譜中「切達乳酪配蘋果」的洋基傳統發揮得淋漓盡致。重點是使用熟成9個月以上的白切達乳酪,例如來自佛蒙特州的Cabot乳酪系列,才能與豐美濃郁的蘋果和楓糖漿相互輝映。香煎蘋果搭配鬆餅真是美妙無比,與華夫餅或法式土司也是絕配。

蘋果

- 2大匙 澄清奶油(p.66)
- 6顆 大型紅龍蘋果(1.2公斤),削皮,去芯,切成約0.6公分厚的小塊
- ¼平杯(49克)淺紅糖
- 1½大匙 新鮮檸檬汁
- ¼小匙 肉桂粉
- ⅛小匙 小荳蔻粉,以現磨為佳
- ½根 香草莢種子,以蘭姆酒漬香草莢為佳(p.15)或½小匙 純香草精

- 2杯(284克)無漂白中筋麵粉
- 1大匙 細砂糖
- 2小匙 泡打粉
- ½小匙 細海鹽
- 1¾杯(392克)全脂牛奶
- 2顆 大型蛋,蛋白蛋黃分開
- 1½平杯(142克)九個月以上的切達乳酪絲,以佛蒙特州產者為佳
- 1大匙 澄清奶油(p.66)或植物油(視需要)

1. 烹調蘋果：取一個非常大的平底鍋，以中火加熱澄清奶油。放入蘋果塊煎煮，偶爾翻拌，稍微煮軟，約需8到10分鐘。

2. 輕柔拌進紅糖、檸檬汁、肉桂粉和小荳蔻，煮到蘋果變軟且產生糖漿。加入香草籽。放在極小火上保溫。

3. 製作鬆餅：在大碗中混合麵粉、細砂糖、泡打粉和鹽。取一個中型碗，放入牛奶和蛋黃攪打滑順。在乾粉類材料中間挖一個洞，倒入牛奶蛋黃液。以打蛋器輕柔翻拌，直到材料融合。不要過分攪拌，以免鬆餅變硬變韌。

4. 在一個乾淨的大碗中放入蛋白，用乾淨的打蛋器打發，直到形成軟垂尖端。取三分之一蛋白放入麵糊中加以稀釋。再以矽膠刮刀分兩次輕柔拌入剩餘的蛋白。在即將完全融合，還剩幾抹蛋白時，輕柔拌入乳酪，直到均勻分布。

5. 以中小火加熱已做好養鍋處理的鑄鐵或不沾煎盤或平底鍋，薄薄刷上一層澄清奶油，用乾淨廚房布巾或紙巾擦掉多餘油量。使用直徑5公分的冰淇淋勺或乾式量杯（⅓杯）舀起麵糊放上煎盤，每個鬆餅之間留出約2.5公分的間隔。用冰淇淋勺或量杯底部將麵糊輕輕攤成10公分的圓形。加熱直到表面浮出泡泡，約需2分鐘。小心將鬆餅翻面，煎到另一面呈金棕色，約需再2分鐘。立刻上桌，或移到鋪了烘焙紙的半尺寸烤盤上，放入預熱到200℉／93℃的烤箱中保溫。按照上述步驟用完剩下的麵糊。

6. 佐以溫熱的香煎蘋果趁熱上桌享用。

舒芙蕾風檸檬瑞可達起司鬆餅
SOUFFLÉD LEMON-RICOTTA PANCAKES

18個鬆餅；6到8人份

這種洋溢檸檬清芬的奶香鬆餅輕盈蓬鬆，可在幾分鐘內用平底鍋快速做好，立刻享受舒芙蕾般的細緻空氣感。薄如紗綢的金黃「表皮」包著絲滑細膩的奢侈內心。這款鬆餅比我們在餐廳送上的版本更加精緻，因為早午餐時段的大量點單讓我們無法如同本食譜指示的步驟分蛋和打蛋。務必使用高品質新鮮瑞可達起司，它的濃郁風味正是整個麵糊的重心。

1¼杯（178克）無漂白中筋麵粉

2小匙 泡打粉

⅛小匙（平匙）現磨荳蔻

⅛小匙 細海鹽

5顆 大型蛋，蛋白蛋黃分開

1⅓杯（340克）新鮮全脂瑞可達起司

4小匙 細砂糖

1小匙（平匙）現磨檸檬皮碎

1小匙 純香草精

⅔杯（149克）全脂牛奶

2大匙 無鹽奶油，融化

1大匙 澄清奶油（p.66）或植物油（視需要）

糖粉，撒飾用

梅爾檸檬凝乳（p.186），佐食用

覆盆子，佐食用

1. 取一個中型碗，混拌泡打粉、荳蔻和鹽。在乾淨的大碗內放入蛋黃、瑞可達起司、糖、檸檬皮碎和香草攪打柔滑，然後加進牛奶和奶油，攪打至所有材料完全融合。加入半量乾料，以打蛋器輕柔翻拌至均勻，然後拌入剩下的乾料。

2. 在一個乾淨的大碗中放入蛋白，用乾淨打蛋器打到中性發泡。取三分之一蛋白放入麵糊中加以稀釋，再以矽膠刮刀分兩次輕柔拌入剩餘蛋白直到融合。

3. 以中小火加熱已做好養鍋處理的鑄鐵或不沾煎盤或平底鍋，薄薄刷上一層澄清奶油，以乾淨廚房布巾或紙巾擦掉多餘油量。使用5公分的冰淇淋勺或乾式量杯（⅓杯份量）舀起麵糊放入烤盤，在每個鬆餅之間留出2.5公分的間隔。不要碰觸鬆餅！它們非常脆弱，一旦外力介入就可能塌陷。加熱2到3分鐘後，底部會煎成金棕色，小心將鬆餅翻面再煎2到3分鐘，直到另一面同樣金黃焦香。立刻上桌，或放在鋪了烘焙紙的半尺寸烤盤上，送入預熱到200℉／93℃的烤箱中保溫。按照上述步驟用完剩下的麵糊。

4. 撒上糖粉，伴隨糖漿和覆盆子趁熱上桌。

基本烙捲餅
BASIC FLAPS

約12張烙捲餅；4到6人份

你可能正在猜想什麼是烙捲餅。我希望做出像鬆餅那樣擁有蛋糕口感的烙餅，但又不希望那麼厚，也不想讓它跟可麗餅或俄式可麗餅一樣纖薄或蛋味濃厚，而如麵包的質地更是要極力避免。在嘗試各種麵糊之後，我終於找到正確配方。我運用基本麵糊創造出一種扁平但仍然保持鬆軟的鍋餅，不僅外觀漂亮而且方便捲起。當我發現它非常適合填入餡料或像捲餅那樣包著東西吃時，我決定稱它為烙捲餅。

我喜歡塞滿餡料的烙捲餅，但同樣享受單純抹上奶油並撒上砂糖的美味。這種組合讓我回憶起在比利時根特（Ghent）可麗餅屋品嘗的早餐。這份佐料也提醒我有時候簡單就是美好。你只需要奶油和紅糖，就能享受可口的烙捲餅。

- 2顆 大型蛋
- 1¼杯（280克） 全脂牛奶
- ½杯（112克） 低脂白脫奶
- 2大匙 細砂糖
- 1小匙 純香草精
- 2杯（284克） 基本鬆餅麵糊（p.65）
- 1大匙 澄清奶油（p.66）或植物油（視需要）
- 軟化無鹽奶油，佐食用
- 紅糖，佐食用

BASIC FLAPS

1. 在中型碗內打散蛋液，加進牛奶、白脫奶、細砂糖和香草攪打均勻。

2. 取一個大碗放入鬆餅麵糊，中間挖一個洞並倒入步驟1的蛋奶液。以打蛋器攪打到糊料滑順。

3. 以中火加熱已做好養鍋處理的9英吋（約23公分）可麗餅煎鍋或不沾平底鍋。薄薄刷上一層澄清奶油，以乾淨廚房布巾或紙巾擦掉多餘油量。使用5公分的冰淇淋勺或乾式量杯（⅓杯份量）舀起麵糊放入鍋內，以繞圓周方式傾斜煎鍋，讓麵糊覆蓋整個鍋面。煎到烙捲餅底部微呈焦色，約需1到2分鐘。使用鍋鏟仔細將捲烙餅快速翻面，再煎1到2分鐘，直到另一面也煎成輕微棕色。立刻上桌，或放在鋪了烘焙紙的半尺寸烤盤上，送入預熱到200℉／93℃的烤箱中保溫。一個烤盤可放兩張烙捲餅，在兩張餅皮之間放上一張烘焙紙。按照上述步驟用完剩下的麵糊。

4. 抹上融化奶油並撒上紅糖，趁熱食用。

煎蛋火腿烙捲餅：
在每張烙捲餅上放一片火腿和一顆煎蛋，摺起並露出少許蛋黃。撒上粗磨黑胡椒並搭配芥末籽醬上桌（見p.78圖）。

干貝炒蛋烙捲餅：
在每張烙捲餅中包入青翠雪白炒蛋（p.213），將兩側餅皮往內摺，然後從下往上捲起。

蘇格蘭燻鮭魚與奶油乳酪彩輪烙捲餅：
在每張捲餅表面塗上少許羊奶起司抹醬（p.187）或軟化奶油乳酪，鋪上幾片蘇格蘭煙燻鮭魚，捲起後切除兩端。切成2.5公分厚的小段。

乳酪俄式可麗餅
CHEESE BLINTZES

約30片俄式可麗餅；8到10人份

這款精緻圓滾的乳酪俄式可麗餅是我吃過最棒的食物。農夫起司、奶油乳酪和新鮮檸檬皮碎的組合真是極品。我婆婆瑪格麗特是我的啟蒙老師，她教我用手指而不是鍋鏟來幫俄式可麗餅翻面。憑藉她所傳授的技巧，你可以煎出最薄的餅皮，而且不怕弄破。當然這也代表你的指尖會紅腫疼痛，但絕對值得。一旦品嘗過，你會完全同意我的說法。多練習幾次之後，你就可練出一手快速且幾乎不痛的俄式可麗餅翻面手藝，享受跟品嘗可麗餅一樣愉悅的烹調樂趣。

餡料

- 680克 軟化農夫起司
- 454克 軟化奶油乳酪
- 1小匙（平匙）現磨檸檬皮碎
- ⅓杯（65克）細砂糖
- 3顆 大型蛋的蛋黃

餅皮

- 1杯（142克）無漂白中筋麵粉
- ¼小匙 細海鹽
- 1大匙 細砂糖
- 12顆 大型蛋
- 3杯（672克）全脂牛奶
- 3大匙 澄清奶油（p.66）

- 糖粉，裝飾用
- 濃縮蘋果顆粒醬（p.199），佐食用
- 酸奶油，佐食用

1. 製作餡料：在大碗中以矽膠刮刀均勻混合農夫起司和奶油乳酪。加入檸檬皮碎和糖攪拌。一次拌入一顆蛋黃，攪拌均勻。用保鮮膜封緊，冷藏至少1小時才能使用，最多冷藏1天。

2. 製作餅皮：在三個半尺寸烤盤鋪上烘焙紙。取一個大碗篩入麵粉、鹽和糖。再取另一個大碗，加入蛋液和牛奶，以手持式電動攪拌器攪打均勻，一邊攪打一邊分三次加入上述麵粉混合物，攪拌直到滑順。

Cheese Blintzes

3. 使用細網目濾篩將麵糊過濾到碗中，以矽膠刮刀擠壓篩網上殘留的麵糊團塊，從篩網底部將流下的麵糊刮到碗中。快速攪拌麵糊，確保麵粉分布均勻。

4. 以中火加熱已做好養鍋處理的8½英吋（約21.5公分）不沾平底鍋。薄薄刷上一層澄清奶油。舀起½杯麵糊放入鍋中，以繞圓周方式傾斜煎鍋，讓麵糊覆蓋整個鍋面。多餘的麵糊倒回碗內。（這會在麵皮邊緣形成一個小扇形，讓我們知道該在哪裡放上內餡。）平底鍋放回爐上，繼續煎到餅皮開始與煎鍋邊緣分離。用雙手的拇指和食指小心抓起餅皮並快速翻面。（最好在爐火旁準備一碗冷水和一張毛巾，為手指降溫並擦乾水分。）煎到底面定型即可，約需5到10秒。移到已鋪好烘焙紙的烤盤上。

5. 繼續製作餅皮，直到所有麵糊用完。期間偶爾攪拌麵糊，並以更多澄清奶油塗刷鍋面。一個半尺寸烤盤可以並排放置2張俄式可麗餅。在煎餅之間夾放一張烘焙紙，一個烤盤不要疊放超過五層煎餅。

6. 餅皮填餡：在平坦表面放上一張餅皮，有小扇形的那端靠近自己，平滑美觀的那面朝下。在距離小扇形約1.3公分處放上2大匙餡料，拉起那一側的餅皮覆蓋乳酪餡，輕輕按壓。餅皮兩側向內摺，然後由下往上捲起。讓俄式可麗餅有摺縫的那面朝下，放在鋪了烘焙紙的烤盤上。繼續製作俄式可麗餅，直到用完所有餅皮和餡料。以保鮮膜緊密包覆俄式可麗餅，冷藏可保存最多3天，冷凍則可維持一個月。如果冷凍，請在冰箱中解凍一夜再烹調。

7. 香煎俄式可麗餅：取一個大平底鍋，以中小火加熱2大匙澄清奶油。放入鍋面足以容納的煎餅數，摺縫面朝下，不要一次擠太多個。煎到底部金黃，約需2分鐘。煎餅翻面再煎2分鐘，直到另一面也煎到金黃。立刻上桌，或放在鋪了烘焙紙的半尺寸烤盤上，送入預熱到200℉／93℃的烤箱中保溫。按照上述步驟煎完剩下的煎餅。

8. 上桌：每盤放上三個俄式可麗餅，撒上一層薄薄的糖粉，佐伴濃縮蘋果顆粒醬、奶油和酸奶油趁熱上桌。

千層俄式可麗餅佐草莓大黃果醬
BAKED LAYERED BLINTZES WITH STRAWBERRY-RHUBARB PRESERVES 12人份

經典的填餡俄式可麗餅雖然美味絕倫，但是必須煎過才能溫熱上桌。如果要款待眾多賓客，這款焗烤鍋物能夠讓你輕鬆端出驚豔餐點。像製作千層麵那樣一層餅皮、一層乳酪內餡、一層果醬地疊放，然後就能開始烘烤，在準備上菜時從烤箱端出來熱騰上桌。

- 2大匙 軟化無鹽奶油
- 乳酪俄式可麗餅（p.81），未填餡的餅皮，軟化的餡料
- ½杯（154克）草莓大黃果醬（p.193）或店內販售的Sarabeth's草莓大黃果醬
- 1大匙 Demerara金砂糖

1. 烤箱以325℉／163℃預熱。取1大匙奶油，在兩個13×9×2英吋（約33×23×5公分）的玻璃或陶瓷烤皿內部塗上厚厚一層。

2. 在烤皿的四個角各放一片俄式可麗餅皮，使其與烤皿邊緣等高並覆蓋皿壁，同時覆蓋部分底面。取2片俄式可麗餅皮切半，讓平切端貼靠器皿的兩個長邊以便完全覆蓋器皿的邊壁。再於底面鋪上兩片餅皮，以便完全覆蓋底面。

3. 使用直徑約3.8公分的冰淇淋勺，在鋪放於器皿底部的餅皮上放置12堆等量乳酪餡（約會用掉⅓的餡料），再用一把小曲柄抹刀均勻輕柔地抹平餅皮上的餡料。在餡料上倒入¼杯果醬，同樣以非常輕柔的手勢抹平。在果醬表面鋪上8張俄式可麗餅皮，稍微重疊以蓋住果醬，並且超出器皿邊緣。然後分別鋪上剩餘乳酪餡的半量和剩餘的全部果醬。再以同樣方式鋪上8張餅皮和剩下的乳酪餡。最後把剩下的六張餅皮鋪在最上方以便完全蓋住餡料。像製作塔殼那樣將超出模具的部分往內摺。

4. 融化剩下的1大匙奶油，在俄式可麗餅表面輕輕刷上一層，撒上砂糖。以鋁箔紙緊密包起，送入烤箱烘焙20分鐘。

5. 取下餅皮上的鋁箔紙，再烤15分鐘，直到頂端烤成金棕色。置於室溫放涼，然後切成12份。

Chapter Four

華夫餅和法式土司

華夫餅和法式土司在做法和吃法上可都比它們的鬆餅表親有趣。麵糊在華夫餅模中急遽膨脹的樣子具有無比魔力,家裡的孩子無不對此驚喜著迷,就連大人也會回想起兒時的早餐時光。華夫餅的格子可以容納大量融化奶油、溫熱糖漿、果醬或鮮奶油霜。法式土司也會經歷同樣的變身過程。麵包表面形成近似焦糖的酥脆外層,內部則柔滑輕盈如卡士達醬。

這兩款食譜都用上我多年來發展改進的技巧。我的許多華夫餅麵糊都是先從融合冰涼的切塊奶油與乾粉料開始,讓混合物形成細碎的奶酥顆粒。這種技巧能夠確保做出輕盈柔軟的華夫餅。(食物調理機能夠加快這個步驟,但你也可以使用奶油切刀或你的指尖揉合奶油與粉類,使其相互融合。)在製作法式土司方面,我會先讓麵包浸透液體,再用爐火香煎並送入烤箱烘烤,確保卡士達般的內心能夠完全熟透並漂亮膨脹。

華夫餅和法式土司通常被視為早餐食物,但當晚餐吃也一樣美妙。而且法式土司本身就足以當成一道別出心裁的甜點。本章中的酵母、白脫奶、玉米和馬鈴薯華夫餅全都適合當鹹食吃。法式土司讓人聯想到麵包布丁,只是外觀更為優雅。加上一勺鮮奶油霜(冰淇淋更好),就能為每次用餐時光畫下完美句點。雖然這兩道餐點可以在任何時間與場合品嘗,但我仍然最喜歡在早上享用。光是看著它們在澄清奶油中滋滋作響,聞著它們散發誘人的香味,我就知道這一整天都會無比美好。

〔主要食材〕

◆ 麵包:麵包的品質越好,法式土司的成品越佳。自製土司最為理想,所以我也在本書中提供麵包食譜:極品麵包(p.154)、猶太哈拉麵包(p.164)、蘋果肉桂麵包(p.159)和Sarabeth's招牌麵包(p.156)。如果你沒有時間自己烘烤麵包,請找一間品質優良的在地烘焙坊購買手工土司。請選擇富有個性的緻密長條麵包,即使不塗奶油或果醬你也能欣然享受,例如猶太哈拉麵包、布里歐修、葡萄乾或蘋果麵包,或者鄉村白土司或酸種土司。

〔工具箱〕

◆ 華夫餅模：火爐用華夫餅模雖然誘人，但比較適合做比利時華夫餅。想要做出美味的老派美式華夫餅，請使用不沾塗膜華夫餅機。如果你的舊款餅模金屬網格沒有塗層，千萬不要用肥皂或清水清洗，這樣會破壞殘留油脂累積而成的保護膜，它可避免華夫餅沾黏。只要用濕紙巾擦拭網格即可。

◆ 煎盤：煎盤可以一次做出大量法式土司。請參閱p.63瞭解更多資訊。

製作完美華夫餅的祕訣

1. 根據製造商的指示預熱華夫餅模。每種模具都會用不同方式提醒你已經達到可下麵糊的溫度。有時是指示燈亮起，有時是指示燈關閉。不像鬆餅煎盤，你無法藉由在煎盤上灑水判斷溫度是否適當，所以只能耐心等候。預熱約需10到15分鐘。我總是在開始製作麵糊之前先開啟華夫餅模電源。

2. 模具達到適當溫度後，使用耐熱矽膠刷或一疊摺起紙巾為網格抹上薄薄一層澄清奶油。確保所有表面都抹到，如果使用老式金屬網格烤模更需如此，但油量不要太多，以免積聚在凹處。即使是不沾網格也請塗油，奶油能讓華夫餅更加酥脆且烤出均勻焦色，同時增添額外風味。如果沒有選擇，也可使用植物油。

3. 絕對不可過度攪拌華夫餅麵糊。輕柔攪拌或翻拌，等到所有材料融合後就可停手。殘留一些糊塊也沒關係，在你使用麵糊期間，糊塊終會融解。麵糊放久後會變得濃稠，視需要加入少許牛奶讓它回到原先的稀稠度。

4. 華夫餅模的容量不一，使用的麵糊份量需視模具而定，這也代表成品可能不同。以我的標準圓形華夫餅模具為例，我會舀取½杯麵糊倒在四個扇形的中心。我喜歡以直徑2½英吋（約6.3公分）的冰淇淋勺舀裝麵糊，後來發現一勺半的麵糊量剛好。請用你的華夫餅機做個實驗，看看需要幾勺。別擔心，就算模具邊緣溢出一點麵糊，那也只是華夫餅製作經驗的一部分。餅皮定型後修掉就好。

5. 避免讓華夫餅烤過頭。有些食譜書會建議烤到蒸氣從麵糊邊緣逸散為止，這肯定會走上過熟之路。唯一可靠的方式是掀開蓋子觀察。華夫餅必須底部金黃且邊緣酥脆。但蓋子掀開不可超過3分鐘。此外，掀開烤模時動作要慢，因為華夫餅還未定型，可能裂開。

6. 剛從烤模取下的華夫餅滋味最棒，但也可以放在預熱到200℉／約93℃的烤箱中保溫10分鐘。請將鬆餅直接放在烤架上，這樣空氣才能在周圍流動。別把華夫餅疊在一起，以免變得濕軟。

7. 確認配料溫熱或處於室溫（當然鮮奶油霜除外）。在製作華夫餅的同時，盤子放入烤箱溫熱幾分鐘。

8. 剩下的華夫餅可以冷凍起來供下一餐食用。冷卻的華夫餅放入夾鏈冷凍袋，用蠟紙分隔每一片華夫餅，冷凍保存最多可達1個月。如要重新加熱，將鬆餅放在鋪了烘焙紙的半尺寸烤盤上，送入預熱到350℉／177℃的烤箱直到均勻加熱，約需10分鐘。它們無法像剛烤好時那麼酥脆，但仍然美味不減。

酵母華夫餅配培根捲
YEASTED WAFFLES

8個華夫餅；4到6人份

我覺得這款奶油味香濃的華夫餅非常特別。我喜歡酵母發酵華夫餅烤好後的質地。也喜歡它們香酥焦脆的邊緣，輕盈如雲的內部尤其得我歡心。我十分享受這款鬆餅散發的發酵氣味和酵母味道。麵糊必須放置過夜才能發展出具有深度的風味。這款華夫餅不論放上甜鹹配料都很相宜，所以我會搭佐培根和糖漿上桌，或放入各種餡料作為夾心。

小叮嚀　酵母類麵糊必須提前準備並放入冰箱冷藏過夜。隔天早上準備煎烤華夫餅之前再於麵糊加入蛋和烘焙用小蘇打。

- 1大匙（14克）捏碎的壓縮新鮮酵母，或1¾小匙（5克）活性乾酵母
- 2大匙 細砂糖
- 2杯（448克）溫全脂牛奶
- 8大匙（114克）融化無鹽奶油
- 2¼杯（320克）無漂白中筋麵粉
- ½小匙 細海鹽
- 2顆 大型蛋
- ¼小匙 烘焙用小蘇打
- 澄清奶油（p.66）或植物油（視需要）
- 溫熱純楓糖漿，佐食用
- 培根捲（p.263），佐食用

1. 如果使用壓縮酵母，請在一個大碗中混合酵母和糖，靜置約5分鐘直到酵母釋出些許水分，攪拌使酵母溶解。依序倒入牛奶和奶油攪拌均勻。（或者，如果使用活性乾酵母，在¼杯牛奶表面撒上酵母，等待5分鐘使酵母軟化，攪拌直到溶解。倒入糖、奶油和剩下的1¾杯牛奶，攪拌直到材料完全融合。）

YEASTED WAFFLES

2. 在中型碗內加入麵粉和鹽混和均勻。分次倒進步驟1的牛奶混合物中，攪拌均勻。以保鮮膜緊密覆蓋，送入冰箱冷藏過夜。

3. 準備製作華夫餅時，根據製造商的指示加熱華夫餅模。

4. 同時間，取一個小碗攪拌蛋液和烘焙用小蘇打，倒進華夫餅麵糊中，以打蛋器攪拌直到完全融合。

5. 為華夫餅模網格塗上薄薄一層油。使用乾式量杯或冰淇淋勺，在烤模的四等份圓心（p.89）放上適當份量的麵糊。蓋上蓋子，烘烤4到6分鐘，直到華夫餅酥脆金黃。

6. 華夫餅盛裝在預熱的盤上，搭配溫熱糖漿和培根捲立刻上桌。繼續製作並端出剩下的華夫餅。

培根生菜番茄華夫餅：
烤好的華夫餅移到烤架上，送入預熱到200℉／93℃的烤箱內保溫。在每片華夫餅表面塗滿美乃滋。取一片華夫餅，放上香烤培根（p.263）、Boston或Bibb生菜葉，以及熟透的牛番茄薄片，蓋上另一片華夫餅，邊緣對齊，做成「夾心三明治」。切成四份，用牙籤固定（p.92圖）。

煙燻鮭魚羊奶起司華夫餅：
烤好的華夫餅移到烤架上，送入預熱到200℉／93℃的烤箱內保溫。華夫餅切成四等份，塗上羊奶起司抹醬（p.187），鋪上煙燻鮭魚薄片，撒上剪碎的新鮮細香蔥。

白脫奶華夫餅佐新鮮莓果和鮮奶油
BUTTERMILK WAFFLES WITH FRESH BERRIES AND CREAM

10片華夫餅
6到8人份

這款萬年不敗的金棕色華夫餅洋溢懷舊農舍風味，擁有類似蛋糕但更加細緻的內部質地以及微酸氣息。你可以走經典路線，搭配楓糖漿和奶油一同上桌；或是淋上莓果醬汁（p.184），端出比較花俏的版本。這款華夫餅不甜，所以也可跟鹹味配料搭配無間。

3杯（426克）無漂白中筋麵粉

2大匙 細砂糖

2小匙 泡打粉

1小匙 烘焙用小蘇打

½小匙 細海鹽

8大匙（114克）無鹽奶油，切成約1.3公分的小塊，保持冰涼

2杯（448克）低脂白脫奶

1杯（224克）全脂牛奶

2顆 大型蛋

澄清奶油（p.66）或植物油（視需要），塗抹華夫餅模用

軟化無鹽奶油，佐食用

溫熱純楓糖漿，佐食用

新鮮莓果，佐食用

鮮奶油霜（p.62），佐食用

1. 根據製造商的指示預熱華夫餅模。

2. 預熱期間，在食物調理機中用「Pulse」（高速瞬轉）模式混合麵粉、糖、泡打粉、烘焙用小蘇打和鹽。加入奶油，再以高速瞬轉模式攪打15到20次，直到奶油切成細粒且混合物形成粗顆粒狀。倒入大碗並在中間挖一個洞。（或是在大碗中混合乾粉料。加入奶油混拌使其裹上乾粉，然後利用奶油切刀或以指尖揉合，直到混合物形成粗顆粒狀。然後在中間挖一個洞。）

3. 取一個中型碗，加入白脫奶、牛奶和蛋攪打均勻。倒入步驟2挖出的洞內，用打蛋器攪拌直到材料融合。不必擔心出現結塊。

4. 為華夫餅模塗上薄薄一層油。使用乾式量杯或冰淇淋勺，在烤模的四等份圓心放上適當份量的麵糊（p.89）。蓋上蓋子，烘烤4到6分鐘，直到華夫餅呈金棕色酥脆。

5. 華夫餅盛裝到預熱的盤上，佐伴軟化奶油、溫熱糖漿、莓果和鮮奶油霜立刻上桌。繼續製作並端出剩下的華夫餅。

新鮮玉米華夫餅
FRESH CORN WAFFLES

8片華夫餅；4到6人份

使用夏季盛產玉米製作這款華夫餅能夠得到不同凡響的成品。但說實話，就算用的是罐裝玉米也同樣美味。每咬一口都能感受玉米粒的些許清脆口感和爆發汁液。雖然玉米為這款華夫餅增添柔和的天然甜味，但是佐伴鹹食同樣毫不違和。

- 2½杯（355克）無漂白中筋麵粉
- 3大匙 細砂糖
- 2小匙 泡打粉
- ½小匙 細海鹽
- 1⅔杯（373克）全脂牛奶
- 2顆 大型蛋
- ½小匙 純香草精

- 3大匙 無鹽奶油，融化放涼，或植物油
- 2½杯（395克）新鮮玉米粒（從3到4根玉米切下）
- 澄清奶油（p.66）或植物油，塗抹華夫餅模用
- 溫熱純楓糖漿或蜂蜜，佐食用
- 法式酸奶油或優格，佐食用
- 當季新鮮水果，佐食用

1. 根據製造商的指示加熱華夫餅模。

2. 在大碗中混合麵粉、糖、泡打粉和鹽。在中央挖一個洞。取一個中型碗，攪拌牛奶、蛋、香草和融化奶油。倒入洞中，以打蛋器翻拌，直到麵糊均勻融合。不必擔心出現結塊。加入玉米，拌合均勻。

3. 為華夫餅模塗上薄薄一層油。使用乾式量杯或冰淇淋勺，在鑄鐵盤的四等份圓心放上適當份量的麵糊（p.89）。蓋上蓋子，烘烤4到6分鐘，直到華夫餅酥脆金棕。

4. 華夫餅盛裝到預熱的盤上，搭配溫熱糖漿、法式酸奶油和水果立刻上桌。繼續製作並端出剩下的華夫餅。

薑味香料咖啡華夫餅
GINGERBREAD-COFFEE WAFFLES

8片華夫餅；4到6人份

在特別的假日早午餐場合最適合端上這款微帶辛香的華夫餅，原本平凡的早午餐在它的加持下立刻洋溢歡樂節慶氣氛。暖心暖身的香料與咖啡相輔相成，不僅賦予鬆餅美好風味，烘焙時散發的香氣更是令人垂涎。如果想多加一點香料，可以讓薑粉變成1小匙。

- 3杯（426克）無漂白中筋麵粉
- ¼滿杯（49克）淺紅糖
- 2小匙 泡打粉
- ½小匙 烘焙用小蘇打
- 1小匙 肉桂粉
- ½小匙 薑粉
- ¼小匙 丁香粉
- ½小匙 細海鹽

- ⅓杯（54克）糖薑，切碎
- 6大匙（85克）無鹽奶油，切成約1.3公分小塊，保持冰涼
- 1¼杯（280克）全脂牛奶
- ¾杯（168克）濃咖啡
- 2顆 大型蛋
- 澄清奶油（p.66）或植物油，塗抹華夫餅模用
- 軟化無鹽奶油，佐食用
- 溫熱純楓糖漿，佐食用

1. 根據製造商的指示加熱華夫餅模。

2. 同時間，在食物調理機中用「Pulse」（高速瞬轉）模式混合麵粉、紅糖、泡打粉、烘焙用小蘇打、肉桂、薑粉、丁香粉和鹽。加入奶油，再以高速瞬轉模式攪打15到20次，直到奶油切成細粒且混合物形成粗粒狀。倒入碗中，加入糖薑翻拌，在糊料中間挖個洞。（或在大碗中混合乾粉料。加入奶油混拌使裹上乾粉，然後利用奶油切刀或以指尖揉合，直到混合物形成粗粒狀。加入糖薑混拌。在奶油糊料中間挖一個洞。）

3. 取一個中型碗，加入牛奶、咖啡和蛋攪打均勻。倒入步驟2挖出的洞內，以打蛋器攪拌至材料融合。不必擔心出現結塊。

4. 為華夫餅模塗上薄薄一層油。使用乾式量杯或冰淇淋勺，在鑄鐵盤的四等份圓心放上適當份量的麵糊（p.89）。蓋上蓋子，烘烤4到6分鐘，直到華夫餅呈金棕色酥脆。

5. 華夫餅盛裝到預熱的盤上，伴隨軟化奶油和溫熱糖漿立刻上桌。繼續製作並端出剩下的華夫餅。

南瓜華夫餅佐酸奶油和烤南瓜籽
PUMPKIN WAFFLES WITH SOUR CREAM AND TOASTED PUMPKIN SEEDS

6片華夫餅；4到6人份

在我們開設的第一間餐廳，某天早上我突然想為早餐注入一些冒險創意。那時我們正將南瓜瑪芬的麵糊舀入蛋糕模內，所以我也舀了一勺放進華夫餅模烘烤。烤好後我咬了一口，心想「這真的好吃」。我不是唯一這麼想的人。在我改進南瓜華夫餅並放入菜單之後，立刻成為我們的招牌華夫餅之一。許多客人耐心排隊就只為了品嘗這道料理。熱情如火的香料襯托餅體的淡雅甜味，與酸奶油和酥脆烤南瓜籽共同成就這款妙不可言的華夫餅。你可以用葡萄乾增加額外甜味，但有些人比較喜歡改加少許蜂蜜。

- 2杯（284克）未漂白中筋麵粉
- ⅓杯（65克）細砂糖
- 2小匙 泡打粉
- ½小匙 肉桂粉
- ¼小匙 薑粉
- ⅛小匙 現磨荳蔻
- ½小匙 細海鹽
- 6大匙（85克）無鹽奶油，切成約1.3公分小塊，保持冰涼
- ½杯（112克）全脂牛奶
- ½杯（116克）重乳脂鮮奶油

- ⅓杯（93克）無糖固體罐裝南瓜
- 3顆 大型蛋
- 1根香草莢種子，以蘭姆酒漬香草莢為佳（p.15），或1小匙純香草精
- 澄清奶油（p.66）或植物油，塗抹華夫餅模用
- 溫熱純楓糖漿，佐食用
- 室溫酸奶油，佐食用
- 烤過去殼南瓜籽（p.53），裝飾配料
- 葡萄乾，裝飾配料

PUMPKIN WAFFLES WITH SOUR CREAM AND TOASTED PUMPKIN SEEDS

1. 根據製造商的指示加熱華夫餅模。

2. 同時間，在食物調理機中用「Pulse」（高速瞬轉）模式混合麵粉、糖、泡打粉、肉桂、薑粉、荳蔻和鹽。加入奶油，再以高速瞬轉模式攪打15到20次，直到奶油切成細粒且混合物形成粗顆粒狀，倒入碗中，在糊料中間挖一個洞。（或是在大碗中混合乾粉料。加入奶油混拌使其裹上乾粉，然後利用奶油切刀或以指尖揉合，直到混合物形成粗顆粒狀。然後在奶油糊料中間挖一個洞。）

3. 取一個中型碗，加入牛奶、鮮奶油、南瓜、蛋和香草攪打均勻。倒入步驟2挖出的洞內，以打蛋器攪拌直到材料融合。不必擔心出現結塊。

4. 為華夫餅模塗上薄薄一層油。使用乾式量杯或冰淇淋勺，在鑄鐵盤的四等份圓心放上適當份量的麵糊（p.89）。蓋上蓋子，烘烤4到6分鐘，直到華夫餅呈金棕色酥脆。

5. 華夫餅盛裝到預熱的盤上，伴隨溫熱糖漿、酸奶油、南瓜籽和葡萄乾立刻上桌。繼續製作並端出剩下的華夫餅。

檸檬杏仁華夫餅佐杏仁甜酒楓糖漿
LEMON-ALMOND WAFFLES WITH
AMARETTO MAPLE SYRUP

8片華夫餅；4到6人份

麵糊中的重乳脂鮮奶油和杏仁甜酒賦予酥脆華夫餅甜美柔潤口感。糖漿中也會摻入杏仁甜酒，為剛烤好的華夫餅增添杏仁香氣。這道華夫餅比書中其他華夫餅熟得更快，製作時要特別注意。

- 1杯（292克）溫熱純楓糖漿
- ¼杯（56克）＋2大匙 杏仁甜酒
- 3杯（426克）無漂白中筋麵粉
- ¼杯（49克）細砂糖
- 1大匙 泡打粉
- 1小匙（平匙）現磨檸檬皮

- ½小匙 細海鹽
- 6大匙（85克）無鹽奶油，切成約1.3公分小塊，保持冰涼
- 1½杯（336克）全脂牛奶
- ½杯（116克）重乳脂鮮奶油
- 2顆 大型蛋
- 澄清奶油（p.66）或植物油，塗抹華夫餅鑄鐵模用

1. 根據製造商的指示加熱華夫餅模。

2. 取一個小碗，混合楓糖漿和2大匙杏仁甜酒。放旁備用。

3. 同時間，在食物調理機中用「Pulse」（高速瞬轉）模式混合麵粉、糖、泡打粉、檸檬皮碎和鹽。加入奶油，再以高速瞬轉模式攪打15到20次，直到奶油切成細粒且混合物形成粗顆粒狀。倒入碗內，在糊料中間挖一個洞。（或是在大碗中混合乾粉料。加入奶油混拌使其裹上乾粉，然後利用奶油切刀或以指尖揉合，直到混合物形成粗顆粒狀。在奶油糊料中間挖一個洞。）

4. 取一個中型碗，加入牛奶、鮮奶油、蛋和剩下的¼杯杏仁甜酒，攪打均勻。倒入步驟3挖出的洞內，用打蛋器攪拌至材料融合。不必擔心出現結塊。

5. 為華夫餅模塗上薄薄一層油。使用乾式量杯或冰淇淋勺，在鑄鐵盤的四等份圓心放上適當份量的麵糊（p.89）。蓋上蓋子，烘烤3到4分鐘，直到華夫餅呈金棕色酥脆。

6. 華夫餅盛裝到預熱的盤上，伴隨杏仁酒和楓糖漿立刻上桌。繼續製作並端出剩下的華夫餅。

馬鈴薯華夫餅佐冷醃鮭魚和法式酸奶油
POTATO WAFFLES WITH GRAVLAX AND CRÈME FRAÎCHE

5片華夫餅；5人份

在這道食譜中，我把馬鈴薯泥「華夫餅化」。這種麵糊會產生如同炸薯條般的香脆表層與鬆軟內心。成品完全不甜，非常適合做為盛放鹹味配料的餅底，例如冷醃鮭魚和法式酸奶油。雖然華夫餅本身吃起來輕鬆無負擔，但絕對能夠吃飽。

我通常會一人吃一片。與當季水果沙拉和香檳一起上桌，是我能想像最優雅的時尚早午餐。

- 2顆 大型烘烤用馬鈴薯（454克），如Idaho或Russet馬鈴薯，削皮切成2.5公分方塊

- 5大匙（71克） 無鹽奶油，切成約1.3公分小塊

- ¾杯（168克） 全脂牛奶

- 1杯（142克） 無漂白中筋麵粉

- 1小匙 泡打粉

- ½小匙 細海鹽

- 1撮 現磨黑胡椒

- 1顆 大型蛋

- 1杯（284克） 室溫法式酸奶油或酸奶油＋佐食用份量

- 4小匙 切碎細香蔥＋裝飾用份量

- 澄清奶油（p.66）或植物油，塗抹華夫餅鑄鐵模用

- 227克 三香草冷醃鮭魚（p.272），切成薄片

- 檸檬片，裝飾用

- 可食用花朵，裝飾用

1. 在一個中型單柄深鍋中放入馬鈴薯，注水蓋過並使水面高出馬鈴薯約2.5公分。加入少許鹽，以大火煮到沸騰，然後降至中火，煮到馬鈴薯變軟，約需15分鐘。徹底瀝乾水分，放入大碗。使用馬鈴薯壓泥器或重型打蛋器將馬鈴薯和2大匙奶油混壓成泥，拌入¼杯牛奶。應該可做出2杯馬鈴薯泥。放涼到微溫，但不要放到冰冷扎實。

2. 根據製造商的指示加熱華夫餅模。

POTATO WAFFLES WITH GRAVLAX AND CRÈME FRAÎCHE

3. 同時間，在食物調理機中用「Pulse」（高速瞬轉）模式混合麵粉、泡打粉、鹽和黑胡椒。加入剩下的3大匙奶油，再以高速瞬轉模式攪打15到20次，直到奶油切成細粒且混合物形成粗顆粒狀，倒入中型碗內。（或是在中型碗內混合乾粉料。加入奶油混拌使其裹上乾粉，然後利用奶油切刀或以指尖揉合，直到混合物形成粗顆粒狀。）

4. 取一個小碗，攪打蛋液和法式酸奶油，等分成2份。分三批將步驟2中的粉類混合物加入馬鈴薯泥內，在每批之間各穿插拌入1份酸奶油蛋液輕柔拌勻。加入細香蔥。

5. 為華夫餅模塗上薄薄一層油。使用乾式量杯或冰淇淋勺，在鑄鐵盤的四等份圓心放上適當份量的麵糊（p.89）。蓋上蓋子，烘烤4到6分鐘，直到華夫餅呈金棕色酥脆。

6. 華夫餅盛裝到預熱的盤上，舀上一坨法式酸奶油，放上幾片鮭魚、檸檬片、細香蔥和可食用花朵，立刻上桌。繼續製作並端出剩下的華夫餅。

馬鈴薯華夫餅佐濃縮蘋果顆粒醬和希臘優格：
在華夫餅頂端放上原味全脂希臘優格，加上幾匙濃縮蘋果顆粒醬（p.199）。

製作完美法式土司的祕訣

1. 取一條放了一天的長條麵包自己切片。你通常是在早晨製作這道餐點，只要在前一天烘製或購買，就能得到有點不新鮮的乾硬麵包。如果覺得麵包太軟難切，冷藏過夜就會變得緊實。使用鋸齒刀將長條麵包切成約2.5公分的厚片。如果使用猶太哈拉辮子麵包請斜切。

2. 務必先過濾打散的蛋才用於製作蛋奶液，去除附著在蛋黃上的白色繫帶，才好做出外觀完美的法式土司。

3. 浸泡麵包之前，先以中火加熱煎盤或平底鍋，確保加熱時間足以達到適當溫度。也請記得預熱烤箱。

4. 用叉子在麵包上戳洞，讓麵包更充分吸收液體。務必也沿著麵包皮戳洞，這裡的麵包體特別乾。耐心等待麵包吸收液體，翻面三到四次。你會希望麵包徹底濕潤但不糊爛。

5. 如果得在爐火上煎出大量土司，請等到所有土司都煎好後再一起送入烤箱。在鋪上烘焙紙的半尺寸烤盤放上麵包片，不要重疊。

6. 法式土司從烤箱取出後請立刻上桌享用。久放會失去舒芙蕾般的蓬鬆感。在萬不得已的情況下，可將法式土司放在關掉電源的烤箱內，烤箱門打開，最多可保溫10分鐘。

每人份量參考：要衡量每個人的食量並不容易。我假設大部分人都會吃1片麵包，也就是2片法式土司，因為一片麵包會切成兩半。但若將法式土司做成三明治，我便會為每個客人提供2片麵包，也就是2份三明治。

香蓬蓬法式土司
FAT-AND-FLUFFY FRENCH TOAST

4到8人份

內在如布丁鬆軟，外表酥脆並散發奶油芳香，這就是法式土司創造的天堂。待在烤箱的短短幾分鐘讓油煎法式土司多了輕盈。我在這裡使用的是猶太哈拉麵包，也就是根據猶太傳統烘焙的金黃辮子麵包。其他富含雞蛋的麵包，例如布里歐修或希臘蛋麵包也很理想。你可以去烘焙坊逛一下，看看還有哪些適合選項。搭配楓糖漿和奶油或新鮮莓果醬汁（p.185）一起上桌。

- 12顆 大型蛋
- 1½杯（336克） 全脂牛奶
- 1大匙 細砂糖
- 1小匙 純香草精
- 1撮 現磨荳蔻
- 1條 大型含蛋麵包（510克），如猶太哈拉麵包（p.164），切成8片厚2.5公分的麵包片（使用猶太哈拉麵包的話請斜切），再沿著對角線切成兩半
- 澄清奶油（p.66），視需要
- 糖粉，裝飾用
- 溫熱純楓糖漿，佐食用
- 軟化無鹽奶油，佐食用

1. 烤架置於烤箱中層，預熱至350℉／177℃。用中火充分加熱煎盤或大平底鍋。
2. 在中型碗內攪打蛋、牛奶、細砂糖、香草和荳蔻，以細網目篩網過濾到一個淺底碗內。

Fat-and-Fluffy French Toast

3. 用叉子在麵包上到處戳洞。在蛋液中放幾片麵包，翻面數次，直到均勻浸飽液體為止。

4. 在煎盤或平底鍋表面刷上澄清奶油，放上幾片麵包，不要重疊，彼此間隔約2.5公分，煎到底部金黃焦香，約需3分鐘。翻面再煎2到3分鐘，直到另一面也同樣金黃誘人。然後讓每片法式土司站起來，煎香麵包邊1分鐘。移到鋪上烘焙紙的半尺寸烤盤。重複上述步驟，用完剩下的麵包與蛋奶液。

5. 法式土司送入烤箱7到10分鐘，烤到稍微膨脹且中間熟透。立刻放上溫熱的盤子，撒上糖粉，佐溫熱糖漿和軟化奶油一起上桌。

杏仁法式土司佐覆盆子：

烤1杯（116克）杏仁片（p.53）。蛋液中加入1小匙純杏仁精。依照前示步驟製作法式土司，上桌前撒上大量杏仁片和覆盆子（見右頁圖）。

草莓鮮奶油法式土司：

在一片法式土司表面塗上一層草莓大黃果醬（p.193），放上另一片法式土司，裝飾一坨鮮奶油霜（p.62）和切片草莓。

蘋果肉桂法式土司：

使用蘋果肉桂麵包（p.159）。佐溫熱蘋果楓糖漿（p.183）或濃縮蘋果醬（p.199）上桌。放上葡萄乾和切片香蕉。

乳酪蛋糕餡法式土司佐柳橙淋醬：

混合227克軟化農夫起司、227克軟化奶油乳酪、2大匙細砂糖和½小匙現磨檸檬皮碎，以矽膠刮刀攪拌均勻。在半片烤好的法式土司上塗抹醬料，蓋上另一半土司。送回烤箱直到整體均勻受熱，約需5分鐘。與此同時，混合1杯（308克）柑橘抹醬（p.194）、⅓杯（75克）新鮮柳橙汁、1小匙純香草精和2小匙新鮮檸檬汁。澆淋在法式土司上。

蘋果酒奶酥法式土司
APPLE CIDER FRENCH TOAST WITH STREUSEL

8人份

蘋果酒賦予法式土司溫和的酸味，奶酥則帶來絲絲香甜。柔軟可口的麵包都能用來製作，但是用我的「極品麵包」做出來特別美味。只鋪上奶酥的法式土司已夠好吃，佐配培根或香腸更是令人回味。

奶酥

- 1杯（142克） 無漂白中筋麵粉
- 2大匙（滿匙）淺紅糖
- 2大匙 細砂糖
- ¾小匙 肉桂粉
- ⅛小匙 現磨荳蔻
- 4大匙（57克） 無鹽奶油，融化放涼
- ½小匙 純香草精

- 12顆 大型蛋
- 1½杯（336克） 新鮮蘋果酒
- 1小匙 純香草精
- ⅛小匙 現磨荳蔻
- 1大條（510克） 極品麵包（p.154）或其他鬆軟的白麵包，切成8片2.5公分厚片，再沿著對角線切成兩半
- 澄清奶油（p.66），視需要
- 軟化無鹽奶油，佐食用
- 溫熱純楓糖漿，佐食用
- 切片香蕉，佐食用
- 藍莓，佐食用
- 切碎烤核桃（p.53），佐食用，視個人喜好添加

Apple Cider French Toast
with Streusel

1. 烤架置於烤箱中層,預熱至350℉／177℃。用中火充分加熱煎盤或平底鍋。

2. 製作奶酥:在中型碗內混合麵粉、紅糖、細砂糖、肉桂和荳蔻。放入奶油和香草,用指尖揉合所有材料,直到完全融合並形成酥粒。倒入一個淺底烘焙器皿。

3. 製作法式土司:在中型碗內攪打蛋、蘋果酒、香草和荳蔻。以細網目篩網過濾到淺底碗中。

4. 用叉子於麵包片上到處戳洞。在蛋液中放幾片麵包並翻面數次,直到均勻浸飽液體為止。然後移到裝了奶酥的容器中,讓每片土司的雙面沾滿奶酥,輕輕拍打,幫助奶酥附著。

5. 在煎盤或平底鍋表面刷上澄清奶油,放上幾片麵包,不要重疊,彼此間隔約2.5公分,煎到底部金黃焦香,約需3分鐘。翻面再煎2到3分鐘,直到另一面也同樣金黃誘人。然後讓每片法式土司站起來,煎香麵包邊1分鐘。移到鋪上烘焙紙的半尺寸烤盤。重複上述步驟,用完剩下的麵包、蛋奶液和奶酥。

6. 法式土司送入烤箱7到10分鐘,烤到稍微膨脹且中間熟透。立刻放上溫熱的盤子,佐配軟化奶油、溫熱糖漿、香蕉、藍莓和核桃(若想用)一起上桌。

全穀物法式土司佐煎香蕉
WHOLE-GRAIN FRENCH TOAST WITH SAUTÉED BANANAS

8人份

焦糖香蕉絕對能讓任何法式土司加分，但是搭配富含穀物與種子的Sarabeth's招牌麵包特別美味。（凡是散發堅果香味的扎實麵包都能襯托奶油煎香蕉的風味。）兩者共譜的飽足早餐讓你就算在最忙碌的日子也能活力滿滿。

- 12顆 大型蛋
- 1½杯（336克）全脂牛奶
- 2大匙 純楓糖漿
- 1小匙 純香草精
- 澄清奶油（p.66），視需要

- 2大匙 Demerara金砂糖
- 2大匙 無鹽奶油
- 1大條（510克）Sarabeth's招牌麵包（p.156）或其他扎實的全穀物麵包，切成8片2.5公分厚片，再沿著對角線切成兩半
- 4根 熟透但果肉依然緊實的大香蕉，切成厚約1.3公分的香蕉片

1. 烤架置於烤箱中層，預熱至350℉／177℃。用中火充分加熱煎盤或平底鍋。

2. 在中型碗內攪打蛋、牛奶、糖漿和香草，以細網目篩子過濾到淺底碗中。

3. 用叉子於麵包片上到處戳洞。在蛋液中放幾片麵包並翻面數次，直到均勻浸飽液體為止。

4. 在煎盤或平底鍋表面刷上澄清奶油，放上幾片麵包，不要重疊，彼此間隔約2.5公分，煎到底部金黃焦香，約需3分鐘。翻面再煎2到3分鐘，直到另一面也同樣金黃誘人。然後讓每片法式土司站起來，煎香麵包邊1分鐘。移到鋪上烘焙紙的半尺寸烤盤。重複上述步驟，用完剩下的麵包。

5. 法式土司送入烤箱7到10分鐘，烤到稍微膨脹且中間熟透。

6. 同時間，在一個大碗中放入香蕉和Demerara金砂糖。以中火在平底鍋中融化2大匙奶油，放進香蕉香煎，輕輕翻炒，直到香蕉焦糖化並煎成褐色，約需5分鐘。

7. 立刻將法式土司放上溫熱的盤子，鋪上香蕉一起上桌。

Chapter Five

瑪芬、司康、蛋糕

我認為蛋糕也可以當早餐，無論是以一般蛋糕出現或偽裝成瑪芬或司康。質地鬆軟的大型蛋糕可以提前製作，十分適合早午餐或派對；瑪芬和司康烤製快速，每天早餐想吃都行。這些美食全都甜度適中，既可帶來飽足感，也不會造成攝取甜食後的興奮感。

我烘焙早餐食品時總會憑著烘焙師直覺自由揮灑。本章提供許多實用祕訣，幫助你創造極致美味。製作瑪芬時要打勻奶油與糖；製作司康時要手勁輕柔；製作蛋糕麵糊則要仔細攪拌。每款成品都像一早起床就能名正言順享受的四星級奢華甜點。

〔工具箱〕

◆ 瑪芬烤盤：我使用重型瑪芬烤模，模杯直徑約7公分，深約3.8公分，相當於7大匙的份量。不同烤模的模杯尺寸可能相異，計算你要舀進幾大匙水才能裝滿模杯。視需要調整放入每個模杯的麵糊量。不要使用深色烤盤，這會讓瑪芬烤出太深的顏色。

◆ 比斯吉切模：如要切出邊緣俐落的司康、比斯吉和奶油蛋糕，請使用模緣光滑或有槽紋的堅固圓形切模。我有一組白色複合塑膠製成的專業組件，切割效果比金屬切模更為齊整，但是金屬切模也很好用。

◆ 中空花型烤模：磅特花型蛋糕在餐桌上非常賞心悅目。我使用重型鑄金屬10連杯與12連杯烤模。避免使用深色烤模，即使有不沾內層。深色烤模會吸收太多烤箱中的熱能，造成蛋糕表面顏色過深。做好塗油和撒粉工作的烤模跟不沾烤模的效果一樣好。如果你必須使用不沾烤模，請以指定的溫度預熱烤箱，但將蛋糕送入烤箱後立刻減少25℉／-4℃，小心注意烤熟程度。

◆ 冰淇淋勺：直徑2½英吋（約6.3公分）的勺子最適合用來平均分配瑪芬與蛋糕麵糊和司康麵團。

◆ 蛋糕測試針：測試熟度時，使用細線狀的蛋糕測試針不會像牙籤或烤肉叉那樣留下凹洞。

製作完美瑪芬的祕訣

1. 不必額外使用紙模，只要為瑪芬模杯塗上奶油即可。務必使用非常軟的奶油和天然鬃毛製成的圓刷。（若手邊沒有，可以使用摺起的紙巾。）仔細為模杯和模具表面塗油，為模杯之間的表面塗油能夠確保不沾黏半點碎屑。

2. 使用冷涼的奶油製作麵糊，瑪芬才能膨脹出漂亮的圓頂。奶油必須足夠冷涼但柔軟可塑，才能用來打發。務必均勻攪拌麵糊。偶爾停下機器，刮攪缸底與邊壁。

3. 另一個確保做出完美圓頂的妙招是使用冰淇淋勺。這同時也能保持整潔並使所有瑪芬大小相同。我使用直徑2½英吋（約6.3公分）的冰淇淋勺，容量是充足的⅓杯。放置麵糊時，我會把舀起的半圓狀麵糊放在模杯中央，讓頂部等高。

4. 如果食譜的份量可製作超過12個瑪芬，請將麵糊均勻分成兩盤。例如，如果要製作18個瑪芬，那就每盤烤9個。

5. 瑪芬連著烤盤一起移到烤架上放涼10分鐘，確保蛋糕定型，然後立刻脫模。如果留在烤盤內過久，它們會釋放蒸氣，造成底部軟爛。不需要移到網架上放涼，放在烘焙紙上即可，但想放在網架上也無妨。只要確保在瑪芬烤好的的當天享用就好。

甜桃藍莓奶酥瑪芬
NECTARINE-BLUEBERRY CRUMB MUFFINS

16個瑪芬

就在我覺得無法再讓店裡的經典藍莓瑪芬蛋糕更加綿柔時，我就辦到了！濃稠的希臘優格和多汁的甜桃將奶香濃郁的藍莓蛋糕體帶入鬆軟新境界，更別提這些額外元素激盪出的美妙風味。我的經典奶酥頂料同樣居功厥偉。

奶酥

- ½杯（71克）無漂白中筋麵粉
- 1大匙＋1小匙 細砂糖
- 1大匙＋1小匙（滿匙）淡紅糖
- ¼小匙 肉桂粉
- ⅛小匙 細海鹽
- ½小匙 純香草精
- 3大匙 無鹽奶油，融化放涼

- 軟化無鹽奶油，塗抹烤模用
- 3½杯（497克）無漂白中筋麵粉
- 2小匙 泡打粉
- 1小匙 烘焙用小蘇打
- ½小匙 細海鹽
- 2小匙 純香草精
- ¾杯（147克）細砂糖
- ¾杯滿（147克）淺紅糖
- 12大匙（171克）無鹽奶油，切成約1.3公分小丁，保持冷涼
- 3顆 室溫大型蛋，打成蛋液
- 1杯（234克）無脂希臘優格
- 1½杯（235克）切碎甜桃（約2顆中型甜桃）
- 1杯（142克）藍莓

Nectarine-Blueberry
Crumb Muffins

1. 烤架置於烤箱中層，預熱至400℉／204℃。沾取軟化奶油塗刷16連瑪芬模杯的內部以及瑪芬烤模表面。

2. 製作奶酥：在一個小碗內混合麵粉、細砂糖、紅糖、肉桂、鹽、香草和奶油，用指尖揉合所有材料並形成酥粒。放旁備用。

3. 在中型碗內混合麵粉、泡打粉、烘焙用小蘇打和鹽。另取一個小碗，用指尖混拌香草、細砂糖與紅糖。

4. 重載型直立式攪拌機裝上攪拌槳，在攪拌缸中以高速攪拌奶油直到柔滑，約需1分鐘。使用矽膠刮刀刮淨缸壁。攪拌機調至中高速。分批加入步驟3中的糖混合物，繼續攪打，不時以矽膠刮刀刮淨邊壁，直到麵糊顏色變得非常淺淡且質地變得輕盈，約需5分鐘。分次拌入蛋液。

5. 攪拌機降至低速，分三批加入步驟2中的麵粉混合物，並在每批之間分別加入半量優格。刮淨攪拌缸邊壁的麵糊，每次加入額外的材料都要攪打片刻，但不要過分攪拌。拌入甜桃與藍莓。

6. 使用直徑2½英吋（約6.3公分）的冰淇淋勺，舀起麵糊放入塗好奶油的模杯，圓頂面朝上。抓一把奶酥混合物捏成小團，大量撒在瑪芬頂端。

7. 烘烤10分鐘後，降低烤箱溫度至375℉／190℃，繼續烘烤約15分鐘。瑪芬頂端應該烤成金棕色。以蛋糕測試針插入瑪芬中心，抽出後沒有沾黏物即可。

8. 留在烤模中冷卻10分鐘。脫模後完全放涼。

罌粟籽瑪芬
POPPY SEED MUFFINS

16個瑪芬

奶油乳酪讓這款金黃如陽的瑪芬擁有類似磅蛋糕的質地。（事實上，你也可以依喜好使用迷你長條蛋糕模製作。）清淡的檸檬香氣讓罌粟籽的風味更加鮮明。如果你不是新開一瓶罌粟籽來用（即使新開也一樣），請先嗅聞一下，因為罌粟籽很快就會變質並出現油耗味。

軟化無鹽奶油，塗抹模具用

2¼杯（320克）無漂白中筋麵粉

¼杯（39克）罌粟籽

2小匙 泡打粉

½小匙 細海鹽

1小匙 現磨檸檬皮碎

2小匙 純香草精

1⅓杯（261克）細砂糖

1杯（227克）無鹽奶油，切成約1.3公分小丁，保持冷涼

227克 室溫奶油乳酪

4顆 室溫大型蛋，打成蛋液

1. 烤架置於烤箱中層，預熱至400℉／204℃。沾取軟化奶油塗刷16連瑪芬模杯的內部以及瑪芬烤模表面。

2. 在一個中型碗內混合麵粉、罌粟籽、泡打粉和鹽。另取一個小碗，用指尖混拌檸檬皮碎、香草與糖。

3. 重載型直立式攪拌機裝上攪拌槳，在攪拌缸中以高速攪拌奶油直到柔滑，約需1分鐘。使用矽膠刮刀刮淨缸壁。加入奶油乳酪並以中速攪打至柔滑蓬鬆，質地如同奶油糖霜，約需5分鐘。分批加入步驟2中的糖混合物，繼續攪打，不時以矽膠刮刀刮淨邊壁，直到麵糊顏色變得非常淺淡且質地變得輕盈，約需5分鐘。分次拌入蛋液。

4. 刮淨缸壁。攪拌機降至低速，分批加入步驟2中的麵粉混合物，攪拌直到所有材料融合。刮淨攪拌缸邊壁，繼續以中高速攪拌10秒，確保所有材料混合均勻。

5. 使用直徑2½英吋（6.3公分）的冰淇淋勺，舀取麵糊放入塗好奶油的模杯，圓頂面朝上。

6. 烘烤10分鐘後，降低烤箱溫度至375℉／191℃，繼續烘烤約15分鐘。瑪芬頂端應該烤成金棕色。以蛋糕測試針插入瑪芬中心，抽出後沒有沾黏物即可。

7. 留在烤模中冷卻10分鐘。脫模後完全放涼。

低脂覆盆子瑪芬
LOW-FAT RASPBERRY MUFFINS

12個瑪芬

瑪芬蛋糕通常綿柔鬆軟且使用大量香濃奶油。如果你想嘗試其他健康美味的版本，這款扎實的麥麩瑪芬正是你的首選。它口感濕潤但又充滿顆粒，深受我的喜愛。南瓜是取代油脂的理想食材，不僅能讓瑪芬維持濕潤，也增添樸實甜味。覆盆子則為蛋糕帶來酸香活力。如果找不到小顆覆盆子，請將大顆果實切半，否則烤好的瑪芬會出現一個軟塌大洞。

- 軟化無鹽奶油，塗抹模具用
- 2 杯（120克）麥麩（不是麥麩早餐穀物）
- 1⅓杯（189克）無漂白中筋麵粉
- 2小匙 泡打粉
- ½小匙 細海鹽

- ⅓滿杯（65克）淺紅糖
- ⅓杯（65克）細砂糖
- 2顆 室溫大型蛋，打成蛋液
- 1⅓杯（299克）2%低脂牛奶
- 1杯（279克）無糖固體罐裝南瓜
- 1杯（95克）小顆覆盆子

1. 烤架置於烤箱中層，預熱至400℉／204℃。沾取軟化奶油塗刷16連瑪芬模杯的內部以及瑪芬烤模表面。

2. 在一個大碗中混合麥麩、麵粉、泡打粉和鹽。另取一個大碗，放入紅糖、細砂糖和蛋液攪打融合，倒入牛奶後繼續攪打滑順。加入南瓜，攪拌至所有材料融合。

3. 在乾粉材料中挖一個洞，倒入濕料並以矽膠刮刀輕柔翻拌，直到兩者完全融合。麵糊靜置鬆弛5分鐘，拌入覆盆子。

4. 使用直徑2½英吋（約6.3公分）的冰淇淋勺，舀取麵糊放入塗好奶油的模杯，圓頂面朝上。

5. 烘烤10分鐘後，降低烤箱溫度至350℉／177℃，再烤約25分鐘，直到瑪芬頂端烤成金棕色。以蛋糕測試針插入瑪芬中心，抽出後沒有沾黏物即可。

6. 留在烤模中冷卻10分鐘。脫模後完全放涼。

橄欖油薑香瑪芬
OLIVE OIL–GINGER MUFFINS

12個瑪芬

橄欖油為這款薑香瑪芬增添美妙的風味。我喜歡使用帶有果香且口感溫和的橄欖油,例如西班牙的阿貝金納(Arbequina),搭上橙花花水的香氣堪稱絕配。雖然食譜中沒有用到奶油糊,但是蛋糕體卻非常濕潤鬆軟。

- 軟化無鹽奶油,塗抹模具用
- 2½杯(355克)中筋麵粉
- 1杯(196克)細砂糖
- 1大匙 泡打粉
- ¼小匙 細海鹽

- ¼杯(43克)切得極碎的糖薑＋數根糖薑絲(裝飾用)
- 2顆 大型蛋
- 1杯(224克)全脂牛奶
- ½杯(110克)特級初榨橄欖油
- ½小匙 橙花花水

1. 烤架置於烤箱中層,預熱至400℉／204℃。沾取軟化奶油塗刷16連瑪芬模杯的內部以及瑪芬烤模表面。

2. 在一個大碗中混合麵粉、糖、泡打粉和鹽。加入切碎的糖薑,混拌直到粉料均勻沾裹糖薑表面。另取一個中型碗,攪拌蛋、牛奶、橄欖油和橙花花水,直到質地滑順且完全融合。

3. 在乾粉材料中挖一個洞,倒入濕料並以矽膠刮刀輕柔翻拌,直到兩者融合。

4. 使用直徑2½英吋(約6.3公分)的冰淇淋勺,舀取麵糊放入塗好奶油的模杯,圓頂面朝上。頂端點綴糖薑絲。

5. 烘烤10分鐘後,降低烤箱溫度至350℉／177℃,再烤10分鐘左右,直到頂端烤成金棕色。以蛋糕測試針插入瑪芬中心,抽出後沒有沾黏物即可。

6. 留在烤模中冷卻10分鐘。脫模後完全放涼。

蘋果榛果瑪芬
APPLE-HAZELNUT MUFFINS

18個瑪芬

榛果是我最愛的堅果之一。在這道食譜中，我使用磨成細粉的榛果讓蘋果丁麵糊更加豐富，並以粗略切碎的榛果做為酥脆的頂料。燕麥則為這款美妙的秋日瑪芬增添果仁香氣。

- 軟化無鹽奶油，塗抹模具用
- 1¼杯（183克） 榛果，焙烤去皮 （p.53）
- 2¼杯（320克） 中筋麵粉
- 1杯（103克） 老式大燕麥片
- 2½小匙 泡打粉
- ¾小匙 肉桂粉
- ½小匙 細海鹽

- 2小匙 純香草精
- 1⅓杯（261克） 細砂糖
- 1杯（227克） 無鹽奶油，切成約1.3公分小塊，保持冷涼
- 2顆 室溫大型蛋，打成蛋液
- 1杯（224克） 全脂牛奶
- 2杯（364克） Granny Smith青蘋果，約2顆中型蘋果份量，削皮，切成約0.6公分小丁

1. 烤架置於烤箱中層，預熱至400℉／204℃。沾取軟化奶油塗刷16連瑪芬模杯的內部以及瑪芬烤模表面。

2. 在食物調理機中用「Pulse」（高速瞬轉）模式攪打¾杯榛果與¼杯麵粉，直到榛果磨成細粉。加入燕麥，同樣以高速瞬轉模式打成細末。倒入大碗，混拌泡打粉、肉桂、鹽和剩下的2杯麵粉。取一個小碗，用指尖揉合混合香草與糖。粗略切碎剩下的½杯榛果，放旁備用。

3. 重載型直立式攪拌機裝上攪拌槳，在攪拌缸中以高速攪拌奶油直到柔滑，約需1分鐘。分批加入步驟2中的糖混合物，不時用矽膠刮刀刮淨缸壁，打到糊料顏色變得極淺且質地輕盈，約需5分鐘。分多次加入蛋液，使糊料完全吃進。

製作完美司康、比斯吉和奶油蛋糕的祕訣

1. 做出鬆軟司康、比斯吉和奶油蛋糕的關鍵在於避免過度揉拌麵團，以免活化麵粉中的麩質，導致糕餅變硬。

2. 務必使用非常冰涼的奶油，切成約1.3公分小方塊。這可讓你的麵團布滿小顆奶油粒。它們會在烘烤時融化，在糕餅內部留下氣穴，使烘焙成品更加輕盈蓬鬆。

3. 如果需要將麵團切成圓形，務必使用品質良好且邊緣鋒利的切模。鈍的切模會壓縮麵團邊緣，無法漂亮膨脹。

4. 攪拌機降至低速。分三批加入步驟2中的麵粉混合物，在每批之間加入半量牛奶。刮淨攪拌缸邊壁，每次加入額外材料都再攪打片刻，但不要過分攪拌。拌入蘋果。

5. 使用直徑2½英吋（6.3公分）的冰淇淋勺，舀取麵糊放入塗好奶油的模杯，圓頂面朝上。頂端撒上剛才切碎的榛果。

6. 烘烤10分鐘後，降低烤箱溫度至375℉／191℃，再烤約15分鐘左右，直到瑪芬頂端烤成金棕色。以蛋糕測試針插入瑪芬中心，抽出後沒有沾黏物即可。

7. 留在烤模中冷卻10分鐘。脫模後完全放涼。

蔓越莓鮮奶油司康
CRANBERRY CREAM SCONES

16個司康

為了讓繁忙的家庭主婦／主夫可以在早上飛速烤出早餐，我將店裡的經典司康改成這款簡易版本。不必揉捏、擀製和切整，只要用冰淇淋勺將蔓越莓麵糊舀入烤盤。大量鮮奶油讓這款蔓越莓司康無比鬆軟美味。

- 1¼杯（290克）重乳脂鮮奶油
- 2顆 冰涼的大型蛋
- 3杯（426克）未漂白中筋麵粉
- 1大匙 泡打粉

- 3大匙 細砂糖
- ½小匙 細海鹽
- 8大匙（114克）無鹽奶油，切成約1.3公分，保持冰涼
- ¾杯（120克）蔓越莓乾

1. 烤架置於烤箱中層，預熱至425℉／218℃。在一個半尺寸烤盤鋪上烘焙紙。

2. 用手製作麵團：在小碗中攪打鮮奶油和蛋，放旁備用。取一個中型碗，混拌麵粉、泡打粉、糖和鹽。加入奶油翻拌，讓奶油丁沾裹粉類混合物。使用奶油切刀切碎奶油，使其與麵粉結合，視需要刮下奶油切刀上的奶油。等到混合物形成粗麵包屑狀態，並且夾雜豆子大小的奶油粒後，拌入蔓越莓。倒入鮮奶油蛋液，以木匙攪拌，直到麵糊結合成團。用機器製作麵團：取一個小碗，攪打鮮奶油和蛋，放旁備用。在重載型攪拌機的攪拌缸中混合乾料，丟入奶油。攪拌缸和攪拌槳裝回攪拌機上，以中速攪打至糊料呈粉粒狀，並且夾雜少許豆子大小的奶油粒。拌入蔓越莓。降至低速，倒入鮮奶油蛋液，繼續攪拌至麵糊結合成團。

3. 使用直徑2½英吋（約6.3公分）的冰淇淋勺，舀起麵團放在鋪了烘焙紙的半尺寸烤盤，圓頂面朝上。每個司康餅相隔約3.8公分。

4. 司康餅送入烤箱後立即將溫度降至400℉／204℃。烘烤成金棕色，約需15到20分鐘。留在烤盤上放涼數分鐘後溫熱上桌，或讓司康完全冷卻。

伯爵茶司康
EARL GREY SCONES

自從我們在日本開設Sarabeth's餐廳與烘焙坊，每次從那裡回來我都充滿新靈感。伯爵茶司康就是一例。我不僅將伯爵茶葉浸泡在鮮奶油中，也磨成茶粉摻進麵糊裡，如此就能在這款精緻的晨間或午後點心中嘗到馥郁的佛手柑芬芳，讓午茶司康進入全新境界。

小叮嚀　　茶葉必須浸泡在鮮奶油中至少8小時或一夜。

- 1¼杯（290克）重乳脂鮮奶油
- 2大匙＋4小匙 伯爵茶茶葉
- 2顆 冰涼大型蛋
- 3杯（426克）無漂白中筋麵粉
- 1大匙 泡打粉
- ¼杯（49克）細砂糖
- ½小匙 細海鹽
- 8大匙（114克）無鹽奶油，切成1.3公分小塊，保持冰涼
- 2大匙 粗糖，撒在表面用

1. 在小碗中混合鮮奶油和2大匙茶葉。覆蓋後冷藏至少8小時，最多1夜。

2. 準備開始烘焙時，將烤架置於烤箱中層，預熱至 425℉／218℃。為半尺寸烤盤鋪上烘焙紙。

3. 用香料研磨器磨碎剩下的4小匙茶葉。放旁備用。

EARL GREY SCONES

4.　以細網目篩子將鮮奶油混合物過濾到一個大液體量杯中，擠壓茶葉以盡量榨取最多液體。丟棄茶葉。視需要加入更多鮮奶油，最後的容量達到1¼杯。加入雞蛋與鮮奶油一起攪打。放旁備用。

5.　用手製作麵團：取一個中型碗，混拌麵粉、泡打粉、細砂糖、鹽和茶葉粉末。加入奶油翻拌，讓奶油丁沾裹粉類混合物。用奶油切刀切碎奶油，使其與麵粉結合，視需要刮淨奶油切刀。混合物應要形成粗麵包屑狀態，並且夾雜豆子大小的奶油粒。倒入鮮奶油蛋液，以木匙攪拌到麵糊結合成團。用機器製作麵團：在重載型攪拌機的攪拌缸中混合乾料，放入奶油。攪拌缸和攪拌槳裝回攪拌機，以中速攪打糊料至呈現粉粒狀並夾雜少許豆子大小的奶油粒。降至低速，倒入鮮奶油蛋液，繼續攪拌至麵糊結合成團。

6.　使用直徑2½英吋（約6.3公分）的冰淇淋勺，舀起麵團放在鋪了烘焙紙的半尺寸烤盤，圓頂面朝上。每個司康餅相隔約3.8公分。頂端撒上粗糖。

7.　司康餅送入烤箱後立即降溫至400℉／204℃。烘烤成金棕色，約需15到20分鐘。留在烤盤上放涼數分鐘後溫熱上桌，或讓司康完全冷卻。

全麥薑香司康
WHOLE WHEAT GINGER SCONES

16個瑪芬

我創造這款司康是因為想在自家烘焙產品中使用更多全穀物，而且我的眾多抹醬也需要另一款佐食良伴。全麥的果仁香氣和樸實風味與微甜的糖薑和自製抹醬十分對味。香草在麵糊中綻放額外芬芳，帶來意外驚喜。

- 1杯（224克）全脂牛奶
- ½根 香草莢種子，以蘭姆酒漬香草莢為佳（p.15），或½小匙 純香草精
- 3顆 冰涼的大型蛋
- 1½杯（213克）無漂白中筋麵粉＋額外需要的量
- 1½杯（225克）石磨全麥麵粉
- 1大匙＋1小匙 泡打粉
- 3大匙 細砂糖
- ½小匙 細海鹽
- ¼小匙 肉桂粉
- 10大匙（142克）無鹽奶油，切成約1.3公分小塊，保持冰涼
- ⅓杯（54克）糖薑，切成約0.6公分小段

1. 烤架置於烤箱中層，預熱至425°F／218℃。在一個半尺寸烤盤鋪上烘焙紙。

2. 用手製作麵團：在小碗中攪打牛奶、香草籽和2顆蛋，放旁備用。取一個中型碗，過篩中筋麵粉、全麥麵粉、泡打粉、糖、鹽和肉桂粉。加入奶油翻拌，讓奶油丁沾裹粉類混合物。使用奶油切刀切碎奶油，使其與麵粉結合，視需要刮下奶油切刀上的奶

Whole Wheat
Ginger Scones

油。等到混合物形成粗麵包屑狀並夾雜豆子大小的奶油粒即可。拌入糖薑。倒入牛奶混合液,以木匙攪拌到麵糊結合成團。用機器製作麵團:取一個小碗,攪打牛奶、香草籽和2顆蛋,放旁備用。在重載型攪拌機的攪拌缸中過篩中筋麵粉、全麥麵粉、泡打粉、糖、鹽和肉桂粉,放入奶油。攪拌缸和攪拌槳裝回攪拌機,以中低速攪打,直到糊料呈粉粒狀並夾雜少許豆子大小的奶油粒。拌入糖薑。降至低速,倒入牛奶混合物,繼續攪拌至麵糊結合成團。

3. 在撒滿大量麵粉的工作檯面倒出麵團,表面撒上約2大匙中筋麵粉。揉動麵團幾次,直到麵團不再沾黏工作檯面。不要過分揉麵。麵團內部必須保持濕潤。輕輕將麵團擀成約1.9公分厚的圓形。

4. 使用2½英吋(約6.3公分)的槽紋比斯吉切模切出數個司康(直上直下,不要轉動切模),每次切麵團之前都要重新讓切模沾上麵粉。放在鋪了烘焙紙的半尺寸烤盤上,彼此相隔約3.8公分。如要切出最多司康,請以同心圓方式從麵團外圍緊鄰切出圓形。收集剩下的麵團,輕輕揉製擀開,繼續切出更多司康。

5. 打散剩下的蛋,在司康頂端刷上薄薄蛋液,千萬別讓蛋液流下側邊,以免抑制麵糊漂亮膨脹。

6. 司康送入烤箱後立即降溫至400℉／204℃。烘烤至金棕色,約需15到20分鐘。留在烤盤上放涼數分鐘後趁熱上桌,或讓司康完全冷卻。

沃特米爾比斯吉
WATER MILL BISCUITS

某個週末，我在紐約州沃特米爾（Water Mill）的自家突然很想吃自製比斯吉。說巧不巧，超市那天竟然沒有白脫奶。但我並未就此放棄，只要在全脂牛奶中拌入些許檸檬汁並靜置20分鐘，就能用這個簡單的替代品製作比斯吉。因為白脫奶不過是加入微生物（乳酸菌）的變酸牛奶，運用上述技巧就能做出成效良好的替代品。

- ¾杯（168克）全脂牛奶
- 1½小匙 新鮮檸檬汁
- 1¾杯（249克）無漂白中筋麵粉＋額外需要的量
- 1大匙 細砂糖
- 2½小匙 泡打粉

- ⅛小匙 細海鹽
- 6大匙（85克）無鹽奶油，切成約1.3公分小塊，保持冰涼

小叮嚀　如果要重新加熱烤好的比斯吉，請用鋁箔紙包起，在預熱至350℉／177℃的烤箱中加熱約10分鐘。

1. 烤架置於烤箱中層，預熱至400℉／204℃。為一個半尺寸烤盤鋪上烘焙紙。

2. 在一個液體量杯中混合牛奶和檸檬汁。靜置於溫暖處（例如靠近正在預熱的烤箱）約20分鐘。

3. 取一個中型碗，過篩麵粉、糖、泡打粉和鹽。加入奶油翻拌，讓奶油丁沾裹粉類混合物。使用奶油切刀切碎奶油，使其與麵粉結合，視需要刮下奶油切刀上的奶油。等到混合物形成粗麵包屑並夾雜豆子大小的奶油粒即可。倒入酸牛奶混合液，以木匙攪拌到麵糊結合成團。

4. 在撒上薄薄麵粉的工作檯面倒出麵團，揉製幾下直到麵團變得光滑。在麵團表面撒上麵粉，擀成厚度稍微大於1.9公分的圓形。使用5公分的槽紋比斯吉切模切出數個比斯吉（直上直下，不要轉動切模），每次切麵團之前都重新讓切模沾上麵粉。放在鋪了烘焙紙的半尺寸烤盤上，彼此相隔約2.5公分。若想切出最多比斯吉，請以同心圓方式從麵團外圍緊鄰切起。剩下的麵皮輕輕壓成一團（不要過分揉合），重複上述擀開麵皮與切出比斯吉的動作，直到麵團用完。

5. 烘烤至比斯吉完美膨脹並烤成金棕色，約需15到20分鐘。熱燙或溫熱上桌。

草莓奶油蛋糕
STRAWBERRY SHORTCAKES

這款奶油蛋糕是我的摯愛，二十多年來都是本餐廳的固定菜色。我從一個優秀的烘焙師朋友那裡學會這道點心，他則是從詹姆士·比爾德（James Beard）的食譜得到靈感。只要配上香草漬草莓就是一頓輕鬆簡便的春日或夏日早午餐。如果想在賓客更多的場合讓草莓奶油蛋糕做為眾多菜色之一，那就使用較小的比斯吉切模切出更多蛋糕。

草莓

- 290克 草莓，洗淨，去蒂，切片（參考小叮嚀）
- ¼杯（49克）細砂糖
- ½根 香草莢種子，以蘭姆酒漬香草莢為佳（p.15），或½小匙 純香草精

小叮嚀

為了只展現草莓鮮紅欲滴的顏色，我會避免使用白芯部分。草莓去蒂，放在砧板上，去掉蒂頭的那端朝下。開始從頂端中央以某個角度切向邊緣，然後旋轉草莓45度，再度從中心向外切割。持續旋轉並切割，直到剩下蒼白的芯，將其丟棄。

- 1½杯（213克）無漂白中筋麵粉＋需要的額外用量
- ¼杯（49克）細砂糖
- 1½小匙 泡打粉
- ¼小匙 細海鹽
- 1½小匙 現磨柳橙皮碎
- 5大匙（71克）無鹽奶油，切成約1.3公分小塊，保持冰涼 ＋1大匙 軟化奶油
- ¾杯（174克）重乳脂鮮奶油
- 2大匙 砂糖

- 鮮奶油霜（p.62），佐食用
- 糖粉，裝飾用

STRAWBERRY SHORTCAKES

1. 準備草莓：取一個中型碗，混合草莓、細砂糖與香草籽。靜置至少1小時才能使用，不要超過3小時。這個作業可讓草莓釋出果汁，產生美味的水果糖漿。

2. 烤架置於烤箱中層，預熱至375°F／191℃。為一個半尺寸烤盤鋪上烘焙紙。

3. 取一個中型碗，過篩麵粉、細砂糖、泡打粉和鹽。加進柳橙皮碎。放入奶油翻拌，讓奶油丁沾裹麵粉混合物。使用奶油切刀切碎奶油，使其與麵粉結合，視需要刮下奶油切刀上的奶油。等到混合物形成粗麵包屑並夾雜豆子大小的奶油粒即可。倒入鮮奶油，用木匙攪拌到麵糊結合成團。

4. 在撒上薄薄麵粉的檯面倒出麵團，揉製幾下直到麵團變得光滑。在麵團表面撒上麵粉，輕輕擀成約1.9公分厚的圓形。使用2¾英吋（約7公分）的槽紋比斯吉切模，切出數個蛋糕（直上直下，不要轉動切模），每次切麵團之前都要重新讓切模沾入麵粉。放在鋪了烘焙紙的半尺寸烤盤，彼此相隔約3.8公分。若想切出最多蛋糕，請以同心圓方式從麵團外圍緊鄰切起。收集剩下的麵皮輕輕揉製，擀成麵皮並切出更多蛋糕。

5. 在蛋糕頂端刷上軟化奶油，撒上砂糖，烤成淺褐色，約需18到20分鐘。在烤盤上完全放涼。

6. 準備上桌之前將蛋糕橫剖成上下兩層。用湯匙舀起草莓和糖漿鋪在下層，擠上鮮奶油霜後蓋上上半層。在每個奶油蛋糕頂端篩上一層薄薄糖粉。

果醬杏仁脆餅
JAM MANDELBROT

24個杏仁脆餅

瑪格麗特‧菲爾史東（Margaret Firestone）是我最早的廚藝啟蒙老師。她的拿手菜是祖國匈牙利的食物。我們以前常會一起享用這個名為Mandelbrot（意第緒語，杏仁餅）的脆餅類餅乾，一邊喝咖啡聊是非，這一切彷彿昨日。傳統上是以杏仁製作，但是瑪格麗特改用果乾取代。她經常嘗試不同的店內販售果醬作為杏仁脆餅的內餡，我永遠不知道咬下去會有什麼驚喜。身為果醬製作者的好處就是手邊不乏各種現成抹醬可供選擇。但我必須承認有幾種口味是我的最愛：草莓、杏桃和柳橙。而我知道瑪格莉特肯定也很愛。

- 4杯（568克）無漂白中筋麵粉＋需要的額外用量
- 1小匙 泡打粉
- ¼小匙 細海鹽
- 12大匙（171克）無鹽奶油，切成12塊，保持在冷涼室溫
- 1杯（196克）細砂糖
- 2顆 大型蛋，打成蛋液

- ½小匙 純香草精
- ⅓杯（75克）鮮榨柳橙汁
- ⅓杯（103克）草莓果醬（p.196）
- ⅓杯（103克）杏桃抹醬（p.195）或柑橘抹醬（p.194）
- 1顆 大型蛋的蛋白，打散，上亮光用
- 粗糖，撒在表面用

1. 在一個中型碗內混合麵粉、泡打粉和鹽。重載型直立式攪拌機裝上攪拌槳，在攪拌缸中以中高速攪拌奶油直到柔滑，約需1分鐘。分批加入糖繼續攪打，偶爾使用矽膠刮刀刮淨缸壁，直到麵糊顏色變淺且質地變得輕盈，約需2分鐘。分次加入蛋液和香草，持續攪打，偶爾刮淨缸壁，直到材料完全融合。

2. 攪拌機降至低速，分兩批倒入步驟1中的麵粉混合物，在兩批之間加入柳橙汁。攪打至麵糊結合成團，且缸壁幾乎沒有沾黏糊料。

3. 在撒上薄薄麵粉的工作檯面倒出麵團，揉製幾下直到麵團變得光滑。麵團分成兩份，每份塑形成約2.5公分厚的長方形，用保鮮膜包起，冷藏至質地緊實，約需15到20分鐘。（麵團最多可冷藏1天，但會變得非常堅硬。擀麵前請先靜置在室溫下約30分鐘。你也可以冷凍麵團，用保鮮膜包裹兩層，最多可保存2週。使用前放在冷藏庫解凍一夜。）

4. 烤架置於烤箱中層，預熱至350℉／177℃。為一個半尺寸烤盤鋪上烘焙紙。

5. 從冰箱取出麵團。工作檯面撒上一層薄薄麵粉。拿掉其中一個麵團的保鮮膜，放在工作檯面上敲擊麵團邊緣，以免擀薄時裂開。麵團表面撒上麵粉，擀成38×22×0.6公分的長方形。移到一張尺寸大於麵團的烘焙紙上，用曲柄抹刀塗上一層草莓果醬，四邊各留出2.5公分不要塗抹。短邊往內摺2.5公分，再將長邊往中心摺，覆蓋⅓的面積。再將另一個長邊往中心摺，覆蓋⅔的面積。拿起烘焙紙，小心將麵團移至鋪了烘焙紙的烤盤，摺縫面朝下。取第二個麵團，重複上述步驟，但改塗杏桃抹醬，放到另一個烤盤上。兩個麵團表面分別刷上一層薄薄蛋白液。撒上粗糖。

6. 送入烤箱，烘焙到一半時調換烤盤位置，直到烤成金棕色，約需35分鐘。留在烤盤上放涼10分鐘。

7. 趁著成品還溫熱，小心拿起烘焙紙將脆餅移到砧板上。使用鋸齒刀以略斜的角度將杏仁餅乾切成2.5公分寬的厚片。在半尺寸烤盤上放置網架，以寬面曲柄抹刀將杏仁餅乾移至網架，彼此相隔約1.3公分。

8. 再度送入烤箱，烤到表面輕微上色，約需8到10分鐘。取出後留在網架上完全放涼。杏仁餅乾放在密封容器內可於室溫下保存最多5天。

製作完美蛋糕的祕訣

1. 選擇大小適當的烤模。測量花型中空烤模的尺寸時請用容積而非直徑，如此才能確保它們能夠容納所有麵糊。測量烤模容積時，計算需要多少杯水才能裝滿烤模直到頂緣。選擇蛋糕模或磅蛋糕模時請以尺寸作為基礎。測量上方而非下方的長度與寬度。

2. 使用軟鬃毛糕點刷沾取非常軟的奶油塗抹整個模具內部，妥善塗油撒粉。圓刷比扁刷好用，特別是用在有溝槽的烤模。確認每個縫隙都塗上奶油，然後撒上大量麵粉，讓奶油沾附麵粉。傾斜烤模並搖晃，使麵粉均勻分布。倒轉烤模，輕輕拍打，倒出多餘的麵粉。如果看到沒有抹到油和麵粉的地方，或是分布不均勻，請補刷奶油與撒粉。

3. 花點時間打發奶油和糖。務必打發成正確的體積和質地。使用裝上攪拌槳的重載型直立式攪拌機可以獲得最好的成果。你也可以使用手持式電動攪拌器，但是打發奶油和糖的時間要多1或2分鐘。奶油和糖必須一起以中高速攪打，直到糊料呈淡黃色。時常停下攪拌機並刮淨攪拌缸的邊壁。

4. 慢慢加入雞蛋，以免糊料凝結或分解。先用打蛋器打散室溫蛋。然後開啟攪拌機，分次將蛋液加入打發的奶油和糖。

5. 小心加入乾料和濕料。這個最後的混合步驟（亦即在低速狀態下交替加入乾料和濕料）會決定蛋糕質地是否柔軟均勻。偶爾停下攪拌機刮拌攪拌缸的底部和邊壁，以便確保麵糊光滑柔潤。加入所有材料後再度刮拌底部，使材料完全融合。

6. 當你覺得蛋糕已經烤好，請用正確方式檢查熟度。如果輕輕用指尖按壓表面會彈回，即代表烤好。但是最保險的方式是在蛋糕最厚的部分插入蛋糕測試針，直到針尖接觸蛋糕中心。立刻抽出測試針，不要搖動，觀察是否有任何殘餘物沾黏。如果沒有即代表烤好。

7. 蛋糕留在烤模內移到網架上，冷卻10分鐘後再脫模。此時蛋糕體會脫離烤模邊壁，更容易從烤模取出。

8. 小心為蛋糕脫模，以保持外觀美麗完整。在烤模頂端放一個網架。用隔熱手套同時拿起烤模和網架，倒轉過來放在桌上。蛋糕應該會立刻脫模。假如沒有，拿起烤模輕敲網架。然後慢慢將烤模往上拿起，使其與蛋糕分離。

9. 如果不馬上食用，為了保持蛋糕新鮮，請在放涼後用保鮮膜緊密包覆，請勿連著蛋糕盤一起包覆。讓保鮮膜直接接觸蛋糕表面。保存於室溫。

檸檬優格磅特花型蛋糕
LEMON YOGURT BUNDT CAKE

10到12人份

這款經典磅特蛋糕從內到外都是檸檬。除了在糖中揉合釋放檸檬皮碎的芬芳之外，還在優格中拌入檸檬汁，使這股清冽酸香更加明顯。但是最後浸泡檸檬糖漿的步驟才是這款蛋糕亮麗美味的主因。磅特花形蛋糕模可以做出美麗的外型，但麵糊也可放在9×5×3英吋（約23×13×8公分）的磅蛋糕模中烘烤。

- 軟化無鹽奶油和麵粉，塗抹模具用
- 3杯（426克）無漂白中筋麵粉
- ½小匙 烘焙用小蘇打
- ¾小匙 細海鹽
- 2小匙 現磨檸檬皮碎（2顆檸檬）
- 2½杯（490克）細砂糖
- ⅔杯（174克）原味優格
- ⅓杯（75克）全脂牛奶
- 3大匙＋1小匙 新鮮檸檬汁
- 1杯（227克）無鹽奶油，切成約1.3公分小塊，保持冰涼
- 5顆 室溫大型蛋，打成蛋液

檸檬糖霜
- 6大匙（84克）新鮮檸檬汁
- ½杯（98克）細砂糖

Lemon Yogurt Bundt Cake

1. 烤架置於烤箱中層，預熱至 350℉／177℃。為一個10連杯（9英吋，約23公分）的磅特花形烤模塗油撒粉，拍掉多餘麵粉。

2. 取一個中型碗，過篩麵粉、烘焙用小蘇打和鹽。在另一個中型碗用指尖揉合檸檬皮碎和糖。在小碗中放入優格、牛奶和檸檬汁攪打。

3. 重載型直立式攪拌機裝上攪拌槳，在攪拌缸中以高速攪拌奶油直到柔滑，約需1分鐘。分批加入步驟2中的糖混合物繼續攪打，經常使用矽膠刮刀刮淨缸壁，直到麵糊顏色變得極淺且質地輕盈，約需5分鐘。分次加入蛋液攪打，偶爾刮淨攪拌缸邊壁。

4. 攪拌機降至低速。分三批倒入步驟1中的麵粉混合物，在三批之間分別加入半量優格混合物，每次加入材料就再攪打片刻並刮淨邊壁。麵糊倒入塗油撒粉的烤模。以刮刀抹平表面。

5. 烘烤到用指尖輕按蛋糕表面會彈回，且插入蛋糕測試針再抽出後沒有沾黏，即代表烤好，約需45分鐘到1小時。

6. 在蛋糕烘焙的同時製作糖霜：取一個小碗，攪拌檸檬汁和糖直到大部分糖溶解，靜置直到糖完全溶解。

7. 蛋糕留在烤模內移到網架，冷卻10分鐘後倒扣在網架上。拿起烤模，使蛋糕和烤模分離。網架放到一個烤盤上。使用糕點圓刷輕柔地在整個蛋糕表面刷上糖漿，等到糖漿吸收後再刷第二次，確保連中間空心部分的周圍都刷到。放涼至完全冷卻。包在保鮮膜內可在室溫下保存最多3天。

紐約奶酥蛋糕
NEW YORK CRUMB CAKE

有時候，越簡單的東西越難做到完美。以這款蛋糕為例，我希望讓奶油香料奶酥和鬆軟金黃蛋糕的比例恰到好處。後來我發現使用9英吋（約23公分）的磅蛋糕模是關鍵所在。8英吋（約20公分）的模具會做出太厚的蛋糕，10英吋（約25公分）模具的成果又太扁平。用了9吋模之後，這款經典蛋糕的一切都是那麼完美平衡。

◆ 軟化無鹽奶油與麵粉，塗抹烤模用

奶酥頂料

◆ 1½杯（213克）無漂白中筋麵粉

◆ ⅓杯（65克）細砂糖

◆ ⅓滿杯（65克）淺紅糖

◆ ½小匙 肉桂粉

◆ ¼小匙 細海鹽

◆ 8大匙（114克）無鹽奶油，融化放涼

◆ 1小匙 純香草精

◆ 2杯（284克）無漂白中筋麵粉

◆ 1½小匙 泡打粉

◆ ¼小匙 細海鹽

◆ 1小匙 純香草精

◆ 1⅓杯（261克）細砂糖

◆ ⅔杯（152克）無鹽奶油，切成約1.3公分小丁，保持冰涼

◆ 2顆 室溫大型蛋，打成蛋液

◆ 1杯（242克）酸奶油

1. 烤架置於烤箱中層，預熱至350℉／177℃。為9×9×2英吋（約23×23×5公分）的蛋糕模塗油撒粉，拍掉多餘麵粉。

2. 製作奶酥頂料：在中型碗內混合麵粉、細砂糖、紅糖、肉桂粉和鹽。加入奶油與香草，以手指混拌直到所有原料結合並形成酥粒。放旁備用。

3. 取一個中型碗，過篩麵粉、泡打粉和鹽。在小碗內用指尖揉合香草和糖。重載型直立式攪拌機裝上攪拌槳，在攪拌缸中以高速攪拌奶油直到柔滑，約需1分鐘。分批加入糖混合物繼續攪打，經常使用矽膠刮刀刮淨缸壁，直到麵糊顏色變得極淺且質地輕盈，約需5分鐘。分次加入蛋液攪打，偶爾刮淨攪拌缸邊壁，使麵糊吃進蛋液。

4. 攪拌機降至低速，分三批倒入步驟3的麵粉混合物，在三批之間分別加入半量酸奶油。每次加入原料就再攪打片刻並刮淨邊壁。麵糊倒入塗油撒粉的烤模。用刮刀抹平表面。抓一把奶酥頂料捏成小團，撒在整個麵糊表面。

5. 烤到蛋糕呈金棕色。插入蛋糕測試針再抽出後沒有沾黏即代表烤好，約需55分鐘。

6. 蛋糕留在烤模內移到網架上，放涼至完全冷卻才上桌。這款蛋糕可放在烤模內用保鮮膜包起，在室溫下最多可存放2天。

蘋果卡士達蛋糕
APPLE CUSTARD CAKE

在我堆積如山的食譜書中藏著一本古老的螺旋裝訂猶太社群食譜。這真是一份無價珍寶。打字機打出的字頁上記載著世代家傳的烹飪食譜。我對其中一款在麵糊表面放上蘋果卡士達餡烘烤的奶油蛋糕特別感興趣，所以我改編了原始版本，創造出這個別出心裁且難以抗拒的蛋糕。上層的蘋果薄片嵌在經典的卡士達餡中，與緻密但不失鬆軟的蛋糕融為一體。我喜歡用中間有一根管子的特別義大利蛋糕模製作，它可讓麵糊在烤熟的同時保持濕潤。中間沒有管子的模具在中心還沒烤熟前，邊緣就已烤得過熟。我的模具尺寸為直徑9英吋（約23公分），高2.5英吋（約6公分），中心管2.5英吋（約6公分）。不過我很懷疑你能找到同樣的模具，我自己也不知道是在哪裡買的。你可使用8英吋（約20公分）或9英吋（約23公分）的淺戚風蛋糕模。

- 軟化無鹽奶油與麵粉，塗抹模具用
- 1½杯（213克）無漂白中筋麵粉
- 1½小匙 泡打粉
- ⅛小匙 細海鹽
- 1小匙 純香草精
- ¾杯（147克）細砂糖
- ½杯（112克）全脂牛奶
- 2大匙 重乳脂鮮奶油
- 4大匙（57克）無鹽奶油，切成約1.3公分小塊，保持冰涼
- 1顆 室溫大型蛋，打成蛋液
- 1顆 大型Honeycrisp蘋果（227克），削皮，去芯，切成約0.6公分薄片

卡士達餡

- 1顆 大型蛋的蛋黃
- 2大匙 重乳脂鮮奶油
- 1大匙 細砂糖
- ½小匙 純香草精

- 白珍珠糖或粗糖，撒在表面用

APPLE CUSTARD CAKE

1. 烤架置於烤箱中層，預熱至350℉／177℃。為9英吋（約23公分）淺戚風蛋糕模塗油撒粉，拍掉多餘麵粉。

2. 取一個中型碗，過篩麵粉、泡打粉和鹽。在小碗內揉合香草和細砂糖。再取另一個小碗，混合牛奶和鮮奶油。重載型直立式攪拌機裝上攪拌槳，在攪拌缸中以高速攪拌奶油直到柔滑，約需1分鐘。分批加入糖混合物繼續攪打，期間經常使用矽膠刮刀刮淨缸壁，直到麵糊顏色變得極淺且質地輕盈，約需3分鐘。分次加入蛋液繼續攪打，偶爾刮淨攪拌缸壁。

3. 攪拌機降至低速，分三批倒入步驟2的麵粉乾料，在三批之間各加入半量牛奶混合物，每次加入一批原料就要攪打片刻並刮淨缸壁。在準備好的烤模中裝入麵糊。用刮刀抹平表面。蘋果片壓入麵糊，片與片之間稍微重疊。

4. 製作卡士達：在小碗中攪打蛋黃、鮮奶油、細砂糖和香草。在麵糊表面平均倒上卡士達。撒上珍珠糖。

5. 烤到蛋糕頂部呈金棕色。插入蛋糕測試針再抽出後沒有沾黏即代表烤好，約需25分鐘。

6. 蛋糕留在烤模內移到網架上，放涼至完全冷卻。使用一把小曲柄刮刀沿著模具和中心管邊緣劃一圈，幫助蛋糕脫模。在蛋糕頂端放置一個無高起邊緣的平盤，迅速小心地將烤盤與盤子一起翻轉，取下烤模。在蛋糕上方放上之後要盛裝上桌的盤子，同時迅速翻轉兩個盤子，然後移開上方的盤子。立刻上桌，或是用保鮮膜緊密包起，冷藏最多可存放3天。

大理石蛋糕
MARBLE CAKE

10到12人份

早餐吃巧克力感覺上有點太墮落，除非是這款蛋糕中的黑色漩渦。可可粉和濃縮咖啡的搭配使蛋糕既不過甜也不過膩，為這款細緻綿密的杏仁口味蛋糕帶來醇厚深度。

- 軟化無鹽奶油和麵粉，塗抹模具用
- 2杯（284克）無漂白中筋麵粉
- 2小匙 泡打粉
- ½小匙 細海鹽
- 1小匙 純香草精
- ½小匙 純杏仁精

- 1½杯（294克）＋3大匙 細砂糖
- 12大匙（171克）室溫無鹽奶油，切成約1.3公分小塊
- 4顆 室溫大型蛋，打成蛋液
- ⅓杯（43克）鹼化可可粉
- ⅓杯（75克）濃縮咖啡，放涼

1. 烤架置於烤箱中層，預熱至350℉／177℃。為10連杯（9英吋，約23公分）磅特花型蛋糕模塗油撒粉，拍掉多餘麵粉。

2. 在中型碗內過篩麵粉、泡打粉和鹽。取另一個中型碗，混合香草精、杏仁精和1½杯糖。重載型直立式攪拌機裝上攪拌槳，在攪拌缸中以高速攪拌奶油直到柔滑，約需1分鐘。分批加入糖混合物繼續攪打，經常使用矽膠刮刀刮淨缸壁，直到麵糊顏色變得極淺且質地輕盈，約需5分鐘。分次加入蛋液繼續攪打，偶爾刮淨攪拌缸壁。

3. 攪拌機降至低速，分批倒入麵粉混合物，攪拌均勻即停。刮淨缸壁上的糊料，再以中高速攪拌10秒，確保所有材料完全融合。

4. 在中型碗內混合可可粉、濃縮咖啡和剩下的3大匙糖，讓可可粉融化。倒入1½杯麵糊，以矽膠刮刀翻拌至質地滑順。使用2½英吋（約6.3公分）冰淇淋勺分別舀起香草麵糊和可可麵糊，交替放入已經塗油撒粉的模具。用筷子攪動麵糊以形成大理石花紋，注意不要碰到烤模邊壁。輕輕抹平表面。

5. 烘烤到用指尖輕按蛋糕表面會彈回，而且插入蛋糕測試針再抽出後沒有沾黏，即是烤好，約需45分鐘。

6. 蛋糕留在烤模內，移到網架上放涼10分鐘。然後將蛋糕倒扣在網架上，放涼到完全冷卻。這款蛋糕用保鮮膜包起可在室溫下最多保存3天。

Chapter Six

麵包與酵母點心

在創造美味早餐主食方面，酵母的創造力無人能敵，不論是可口的麵包或香濃甜蜜的奶油酥皮點心都是它的傑作。很難相信我曾一度考慮不在本書中納入麵包食譜。起個大早為早餐烘烤新鮮發酵的麵包聽起來有點麻煩。在我們的烘焙坊，工作人員必須徹夜工作才能一早送上新鮮出爐的麵包。但我後來發現，自家早餐的麵包不一定要在晨光中出爐。前一天中午或晚上製作的麵包不僅適合製作法式土司，即使單吃也同樣風味絕佳。它們嘗起來不只比一般店裡買的麵包美味百倍，還能讓家裡彌漫令人垂涎的溫暖香氣。

不過鬆軟的酵母點心就須熱呼呼出爐享用。這五款美食使用同樣的基礎麵團。內含的奶油和酸奶油可在烘焙時產生金黃外皮和柔軟麵包芯。微帶甜味的本體適合搭佐甜鹹配料。最棒的是，麵團可以事先準備，從冰箱取出直送烤箱。這樣你既可睡晚一點，又能烤出漂亮的發酵麵點。

〔主要食材〕

◆ 酵母：我使用的是新鮮酵母，又稱為壓縮酵母或塊狀酵母。它的膨脹效果優於乾酵母，而且不必在使用之前溶解於溫水，通常以2盎司或⅔盎司的鋁箔塊狀包裝在超市冷藏區販售。這種酵母容易變質，務必以保鮮膜緊密包覆冷藏並迅速用完。不過各大超市都買得到的即用型活性乾酵母，也能用於製作這些麵點，成效同樣良好，並且可以在冷涼處儲存較長時間。如果不常使用酵母，請購買每包¼盎司（7克）的三包入組合即可。熱中烘焙的人則可購買一整罐。活性乾酵母在使用前必須溶解於溫水。水溫過燙會殺死酵母。如果不確定水溫，使用溫度計測量水溫是否介於105℉／41℃到115℉／46℃之間，這是溶解酵母的理想溫度區間。

〔工具箱〕

◆ 磅蛋糕模：我使用8×4×2½英吋（約20×10×6公分）和9×5×3英吋（約23×13×8公分）的模具。雖然看來相似，卻相差2杯份量。不可彼此替代使用，不然麵包可能會出現令人沮喪的空心或是溢出烤模。避免使用深色表面的烤模或是玻璃或陶瓷烤模，前者會烤出顏色太深的外皮，後者則會烤出顏色太淺的外皮。啞光的重型鋁質烤模才可烤得恰到好處。

◆ 長型廚房塑膠袋：你家應該已有這種垃圾袋。如果沒有，請買一盒，確認你買的是無香味垃圾袋。它們在製作麵包時可做為潮濕的發酵箱。

製作完美麵包的祕訣

1. 確認酵母仍保持活性。購買到期時限還久的新鮮酵母，購買後立刻用完。如果不確定酵母是否仍有活性，檢查它的冒泡度。使用時混合新鮮酵母和少許糖，或是在微溫不燙的水中溶解活性乾酵母。

2. 先只加入半量麵粉。烘焙麵包是一門科學。溫度或濕度變化會影響麵團所需的麵粉用量。之後再加入剩下的麵粉，做出麵糊可與攪拌碗分離，粗糙不平的麵團。如果揉過之後麵團仍然太過濕黏，請視需要用手揉入少量額外麵粉。

3. 別讓麵團在第一次發酵時變乾。麵團放入塗滿奶油的碗中，翻動麵團使表面滾上一層奶油，然後用保鮮膜緊密覆蓋碗面。

4. 選擇溫暖無風的地點讓麵團發酵膨脹成原始體積的兩倍大。但請確保所選地點不會太熱，以免麵團過度膨脹變形且發酵氣味過濃。等到麵團看起來已發酵成兩倍之後，可用指尖輕壓麵團，讓它下陷約1.3公分。如果會留下印記，即代表發酵完成。

5. 建造一個完美的發酵箱，只需一個烤盤、一個裝了熱水的高玻璃杯和一個長型廚房塑膠袋。整型後的麵團連同烤盤一起放進塑膠袋，在烤盤中央放上杯子，搖動袋子讓內部充滿空氣。立刻用垃圾袋隨附的帶子綁起開口。玻璃杯能夠確保袋子不會接觸麵團，以免妨礙表面膨脹。熱水則可為「箱子 增加溫暖濕氣。

6. 檢查麵包是否烤好。除了觀察表皮是否烤成漂亮的金棕色，還要確認麵團內部是否仍然半生不熟。最佳測試方式是迅速將麵包從模具倒扣出來，敲打麵包底部，確認聲音聽起中空而不是悶沉。

7. 麵包留在烤模內放涼5分鐘定型。但是5分鐘一到請立即脫模，否則麵包會散發蒸氣，導致表皮軟濕。

極品麵包
GREAT BREAD

2條麵包

雖然這是一款「白麵包」，卻洋溢柔和的種子甜香。質地柔軟卻不鬆弛。在此感謝朋友兼同事蘇珊·羅森菲德（Susan Rosenfeld）在多年前與我分享這道珍貴食譜。我們一開始製作這款麵包是想再現新英格蘭老式經典發酵麵包。玉米粉加法式酸奶油的混合糊料是一切的起點，由此發展出飽滿柔軟的麵包體與值得深品的細緻酸香。這款麵包也可輕鬆變身為早餐土司、法式土司或午餐三明治。

- 1杯（160克）極細研磨黃玉米粉＋撒用的份量
- 2小匙 細海鹽
- ¼杯（49克）＋2大匙 細砂糖
- 2¼杯（504克）沸水
- ¼杯（71克）法式酸奶油或酸奶油

- 2大匙（28克）捏碎的壓縮酵母或 3½小匙（11克）活性乾酵母
- 3½杯（508克）麵包麵粉
- 1½杯（213克）無漂白中筋麵粉＋額外需要的量
- 軟化無鹽奶油，塗抹碗和模具用
- 融化奶油，為麵包上亮光用

1. 在重載型直立式攪拌機的攪拌缸中混拌玉米粉、鹽和¼杯糖。加入沸水，攪拌至麵糊柔滑（如果之後使用乾酵母，請加入2杯沸水）。倒入法式酸奶油拌勻。靜置直到完全冷卻。

2. 若是使用壓縮酵母，取一個小碗，混合捏碎酵母和剩下的2大匙糖。靜置約 3分鐘讓酵母釋出少許水分，攪拌直到酵母溶解，拌入放涼的玉米粉混合物。（如果使用活性乾酵母，請取一個小碗倒入¼杯介於105°F／41℃到115°F／46℃之間的溫水，撒上酵母。靜置5分鐘直到酵母融化，與剩下的2大匙糖一起拌入放涼的玉米粉混合物中。）攪拌缸裝回攪拌機，然後裝上攪拌 。

3. 取一個中型碗，混合麵包麵粉和中筋麵粉。在酵母糊料中緩緩分批加入足量的麵粉，以低速攪拌成與缸壁分離的柔軟不光滑麵團。取下攪拌槳，換上麵團勾。以中低速揉拌，視需要加入更多麵粉，直到麵團變得光滑柔軟，富有彈性，約需8分鐘。

4. 麵團移到撒上薄薄麵粉的工作檯面，稍揉幾下以檢查麵團質地：應該覺得略有黏性但又不會沾黏工作檯面。僅在需要時揉入更多麵粉。取一個大碗抹上奶油，將塑型成光潔圓球的麵團放入碗內，讓表面沾裹奶油。光滑面向上放置，以保鮮膜緊密覆蓋。靜置於溫暖處，直到麵團膨脹成兩倍，需要1小時到1個半小時。

5. 在撒上薄粉的工作檯面倒出麵團，分成兩份，每份都塑形成圓球狀。用保鮮膜緊密覆蓋，靜置15分鐘。

6. 為2個8×4×2½英吋（約20×10×6公分）的磅蛋糕模抹上奶油。先取其中一個麵團輕壓洩出空氣。輕敲麵團，使其變成一個長約20公分的長方形。從長邊向上捲，塑形成20公分長的條狀麵團，捏合接縫，有縫面朝下，放入已經抹油撒粉的模具。對另一個麵團重複相同步驟。最後把兩個烤模移到半尺寸烤盤上。

7. 在廚房內選擇一個溫暖處進行後發酵。烤盤連同麵包模一起放入長型塑膠袋。在一個玻璃高杯裝入熱水，放在兩個烤模之間，避免塑膠袋接觸麵團。晃動塑膠袋使其充滿空氣，然後緊密綁起，讓空氣留在袋中。靜置直到麵團膨脹高出烤模上緣約2.5公分，約需45分鐘。

8. 烤架置於烤箱中層，預熱至350℉／177℃。

9. 從袋中取出玻璃杯，然後連著烤盤取出烤模。在麵團表面刷上一層薄薄的融化奶油。使用單邊切割刀片或鋒利的鋸齒刀，在每個麵團中央切出一道淺痕（約0.6公分深）。撒上薄薄玉米粉。烤模連同烤盤一起送入烤箱，烤到麵包變成棕褐色且敲打底部時發出空洞聲，約需35到40分鐘。

10. 麵包留在模具內，移到網架上放涼5分鐘，然後脫模並放在架上冷卻。

Sarabeth's烘焙坊的招牌麵包
SARABETH'S HOUSE BREAD

2條麵包

打 從我們開設第一間烘焙坊，這款麵包就讓我們的櫥窗誘人無數。除了難以抗拒的果仁甜香和顆粒口感之外，切面更是美到極點。這正是為什麼我在本書中再度向大家介紹這道食譜（它已在我的第一本飲食書亮過相）。在Sarabeth's餐廳，我們使用這款麵包製作總匯三明治，或是做為早餐和早午餐時送上的烤麵包片。在家享用時，我會拿來當作一般早餐土司或法式土司。

2大匙（28克）捏碎壓縮酵母或
3½小匙（11克）活性乾酵母

¼杯（85克）蜂蜜

2¼杯（504克）冷水

2¾杯（413克）石磨全麥麵粉

2¾杯（399克）麵包麵粉

2大匙 磨得極細的黃玉米粉

2大匙 罌粟籽

2大匙 芝麻

1½小匙 細海鹽

2大匙 去殼生葵花子

軟化無鹽奶油，塗抹碗和烤模用

1顆 大型蛋，打成蛋液，刷在麵包表面增加亮光用

1. 如果使用壓縮酵母，在重載型攪拌機的攪拌缸中混合捏碎的酵母和蜂蜜。靜置約 3分鐘直到酵母釋出少許水分，然後充分攪拌以使酵母溶解。加入冷水，攪拌至完全融合。（如果使用活性乾酵母，取一個小碗倒入¼杯介於105℉／41℃到115℉／46℃之間的溫水。撒上酵母，靜置5分鐘直到酵母軟化，攪拌到全部融化。放入攪拌缸，加入2杯冷水和蜂蜜，攪拌均勻）。攪拌缸裝回攪拌機上，然後裝上槳葉。

2. 在大碗中混合全麥麵粉、2¼杯麵包麵粉、玉米粉、罌粟籽、芝麻和鹽。緩緩在酵母糊中分批加入足量的麵粉混合物，攪拌直到麵團成形。分批加入剩下的½杯麵包麵粉，直到形成柔軟不光滑且與缸壁分離的麵團。取下槳葉，換上麵團勾。以中低速揉拌，視需要加入更多麵粉，直到麵團變得光滑柔軟，稍具黏性，約需5分鐘。在最後階段加入葵花子。

3. 在沒有麵粉的乾淨工作檯面倒出麵團，稍揉幾下以檢查麵團質地：應該覺得略帶黏性但又不會沾附工作檯面。僅在需要時揉入更多麵粉。取一個大碗抹上奶油。麵團塑型成光潔圓球狀，放入碗內滾動以使表面沾裹奶油，翻過麵團讓光滑面向上，用保鮮膜緊密覆蓋。靜置於溫暖處直到麵團膨脹，需要1小時到1個半小時。

4. 在撒上薄薄麵粉的工作檯面倒出麵團，分成兩份，每份都塑形成圓球狀。用保鮮膜緊密覆蓋，靜置15分鐘。

5. 為2個8×4×2½英吋（約20×10×6公分）的麵包烤模抹上奶油。先取其中一個麵團輕輕擠出空氣。輕捶麵團使其變成長約20公分的長方形。從長邊向上捲，塑形成約20公分長的條狀麵團，捏合接縫，有縫面朝下，放入已經抹油撒粉的模具。對另一個麵團重複相同步驟。完成後把兩個烤模移到半尺寸烤盤上。

6. 在廚房內選擇一個溫暖處進行後發酵。烤盤連同麵包模一起放入長型塑膠袋。在一個玻璃高杯裝入熱水，放在兩個烤模之間，避免塑膠袋接觸麵團。晃動塑膠袋使其充滿空氣，然後緊密綁起，讓空氣留在袋中。靜置直到麵團膨脹至高出烤模上緣約2.5公分，約需45分鐘。

7. 烤架置於烤箱中層，預熱至350°F／177°C。

8. 從袋中取出玻璃杯，然後連同烤盤拿出烤模。麵團表面刷滿一層薄薄蛋液，連著半尺寸烤盤一起送入烤箱，烤到變成棕褐色且敲打底部時發出空洞聲，約需35到40分鐘。

9. 麵包連著模具移到網架上放涼5分鐘，然後脫模並放在架上冷卻。

蘋果肉桂麵包
APPLE-CINNAMON BREAD

2條麵包

每逢週末早午餐時段，我們的餐廳都會使用這款麵包製作招牌蘋果肉桂法式土司（p.106）。我有時不免好奇這是否就是客人排隊等桌的原因。蘋果薄片與麵團攪打混合時會碎開，為這款辛香柔軟的麵包增加濕潤度。不配佐料單吃可以享受秋日的溫暖風味。烤過後塗上厚厚一層瑞可達起司並淋上蜂蜜，根本就是天堂。

- 1大匙＋2小匙（22克）捏碎的壓縮酵母或1大匙（9克）活性乾酵母

- 5大匙（60克）細砂糖

- ¼杯（56克）冰涼全脂牛奶

- ⅔杯（149克）冷水

- 1顆 大型蛋的蛋黃

- 1小匙 純香草精

- 2顆 大型Granny Smith青蘋果（680克），削皮，去芯，切約0.6公分薄片

- ¼小匙 肉桂粉

- 4杯（568克）無漂白中筋麵粉＋額外需要的量

- 1¼小匙 細海鹽

- 4大匙（57克）無鹽奶油，切成4份，置於室溫

- 軟化無鹽奶油，塗抹碗與模具用

1. 如果使用壓縮酵母，在重載型攪拌機的攪拌缸中混合捏碎的酵母和3大匙糖。靜置約3分鐘直到酵母釋出少許水分，然後充分攪拌至酵母溶解。加入牛奶、水、蛋黃和香草精，攪拌至完全融合。（如果使用活性乾酵母，請取一個小碗倒入⅓杯介於105℉／41℃到115℉／46℃之間的溫水，撒上酵母。靜置5分鐘直到酵母軟化，攪拌至全部融化。倒入攪拌缸，加入牛奶、⅓杯冷水、蛋黃、3大匙糖和香草精，攪拌均勻）。

2. 在一個中型碗內翻拌蘋果片、肉桂粉和剩下的2大匙糖，直到均勻沾裹。

Apple-Cinnamon Bread

3. 攪拌缸裝回攪拌機上，然後裝上槳葉。緩緩在酵母糊料中分批加入2杯麵粉，然後加鹽。一次放進1大匙奶油，等到完全融合後再加入下一匙。放入蘋果混合物繼續攪打，直到蘋果碎裂，約需5分鐘。慢慢倒入剩下的2杯麵粉，攪拌成不光滑的麵團。取下槳葉，換上麵團勾。以中低速揉拌，視需要加入更多麵粉，直到麵團與缸壁分離，約需5分鐘。

4. 在乾淨的工作檯面倒出麵團。稍揉幾下以檢查麵團質地：應該稍有黏性但又不會沾附工作檯面。僅在需要時揉入更多麵粉。取一個大碗抹上奶油。麵團塑型成光潔圓球狀，放入碗內滾動以使表面沾裹奶油，翻過麵團讓光滑面向上，用保鮮膜緊密覆蓋。靜置於溫暖處直到麵團膨脹，需要1小時到1個半小時。

5. 在撒上薄麵粉的工作檯面倒出麵團，分成兩份，每份都塑形成圓球狀。用保鮮膜緊密覆蓋，靜置15分鐘。

6. 為2個8×4×2½英吋（約20×10×6公分）的麵包烤模塗上奶油。在烤模底部鋪上烘焙紙，也在烘焙紙表面抹上奶油。輕輕擠壓其中一個麵團洩出空氣。輕捶麵團使其變成長約20公分的長方形。從長邊向上捲，塑形成約20公分長的條狀麵團，捏合接縫，有縫面朝下，放入已經抹油的模具。對另一個麵團重複相同步驟。完成後把兩個烤模移到半尺寸烤盤上。

7. 在廚房內選擇一個溫暖處進行後發酵。烤盤連同麵包模放入長型塑膠袋。在一個玻璃高杯裝入熱水，放在兩個烤模之間，避免塑膠袋接觸麵團。晃動塑膠袋使其充滿空氣，然後緊密綁起，讓空氣留在袋中。靜置直到麵團膨脹至高出烤模上緣約2.5公分，約需45分鐘。

8. 烤架置於烤箱中層，預熱至350℉／177℃。

9. 從袋中取出玻璃杯，然後連著烤盤拿出烤模。麵團表面刷滿一層薄薄蛋液，連同半尺寸烤盤一起送入烤箱烘焙35分鐘。在麵包表面鬆鬆蓋上一張鋁箔紙，繼續烤到頂部呈金棕色。將即讀型溫度計插入麵包中心，讀數若達210℉／99℃即可，最少需要25分鐘。

10. 麵包連同模具移到網架上放涼5分鐘。脫模並拿掉烘焙紙，放在架上直到完全冷卻。

全麥英式滿福堡
WHOLE WHEAT ENGLISH MUFFINS　10個滿福堡

我無法想像自己百試不敗，盡善盡美的英式滿福堡還能更加美味。但當我用全麥麵粉取代部分中筋麵粉，並且讓滿福堡裹上一層麥麩之後……哇！加倍濃郁的麥香增加味道的複雜層次感，但又不至破壞滿福堡的靈活多用途性。我用金屬甜點模圈烘焙這款英式滿福堡，讓麵團膨脹成高聳的蘑菇形狀。你可在烹飪器具專賣店購得這些模圈，絕對值得每一分錢。這種做法不只能夠創造漂亮外觀，還能賦予理想質地。

小叮嚀	麵糊必須冷藏至少4小時，但最多不可超過8小時，才能獲得最佳成果和風味。你可以在早上製作麵團，以便在當天稍晚烘焙滿福堡。或是提前一天做好麵團。

- 1杯（224克）全脂牛奶
- 1杯（224克）水
- 2½大匙 無鹽奶油，切成小塊
- 2大匙 細砂糖
- 1小匙 細海鹽
- 2大匙（28克）捏碎的壓縮酵母或 3½小匙（11克）活性乾酵母

- 1顆 大型蛋，打成蛋液
- 2¾杯（391克）無漂白中筋麵粉
- 1杯＋3大匙（178克）石磨全麥麵粉
- 軟化無鹽奶油，塗抹模圈用
- ½杯（30克）麥麩，沾附模圈用

1. 在烘焙滿福堡前至少4小時（最多8小時）製作麵糊：取一個中型平底深鍋，放入牛奶、水（若使用乾酵母，倒入¾杯的水）、奶油、糖和鹽，以中火煮到微滾，不時攪拌以融化奶油，然後倒入重載型攪拌機的攪拌缸內，冷卻至室溫。

2. 在攪拌缸內撒上壓縮酵母，靜置5分鐘，攪拌至溶解。（如果使用活性乾酵母，取一個小碗倒入¼杯介於105℉／41℃到115℉／46℃之間的溫水，撒上酵母。靜置5分鐘直到酵母軟化，攪拌至全部融化，倒入攪拌缸。）在酵母混合物中加入蛋液攪拌。攪拌缸裝回攪拌機上，然後裝上槳葉。

WHOLE WHEAT ENGLISH MUFFINS

3. 取一個中型碗，混合中筋和全麥麵粉。緩緩在酵母糊料中分批加入麵粉混合物，攪打到變成具有黏性的麵糊。調整為高速，繼續攪打30秒。從攪拌機取下攪拌缸，以矽膠刮刀刮淨邊壁。用保鮮膜緊密覆蓋攪拌缸，放入冰箱冷藏至少4小時，最多8小時。

4. 在12連甜點模圈（直徑約8公分，高約4公分）內部塗上奶油。用小碗盛裝麥麩，取少許沾裹在模圈內部。保留剩下的麥麩。半尺寸烤盤鋪上烘焙紙，排上模圈，彼此間隔約4公分。在每個模圈中撒上一層薄而均勻的麥麩（每個模圈約¼小匙）。

5. 攪拌冰涼的麵糊，它會非常黏稠。先將直徑2½英吋（約6.3公分）的冰淇淋勺浸入冷水，挖取一平勺麵糊放入每個模圈。頂端撒上一層薄薄剩下的麥麩。

6. 在廚房內選擇一個溫暖處進行後發酵。烤盤連同模圈一起放入長型塑膠袋。在一個玻璃高杯裝入熱水，放在烤盤上，避免塑膠袋接觸麵團。晃動塑膠袋使其充滿空氣，然後緊密綁起，讓空氣留在袋中。確認塑膠袋未與麵團接觸。靜置直到麵團開始膨脹並高出烤模上緣，約需1個半小時。

7. 烤架置於烤箱下層，預熱至350℉／177℃。

8. 小心從袋中取出玻璃杯，然後連著烤盤取出模圈。烘烤英式滿福堡直到頂端呈金棕色，約需25分鐘。取出烤箱後靜置五分鐘。拿著廚房布巾保護雙手，將英式滿福堡脫模。（如果烤好的滿福堡留在模具裡太久，就會散發蒸氣並變成葫蘆形）。稍微放涼後即可溫熱上桌，或靜置冷卻至室溫，斜切成三到四份，稍微烤過後再上桌。

香料全麥葡萄乾英式滿福堡：
在麵粉混合物中加入1½小匙肉桂粉。等到麵糊在攪拌缸中攪打融合之後，加入1杯（160克）葡萄乾。

猶太哈拉麵包
CHALLAH LOAVES

2條麵包

沒有這款經典猶太麵包，就沒有本餐廳的香蓬蓬法式土司（p.105）。雞蛋讓哈拉麵包閃耀金黃色澤，傳統上是在安息日享用的食物，通常會編成辮子狀，但是放在兩個磅蛋糕模中烤出來也同樣美味。烤模有助麵團在烘焙過程中定型，更容易切出形狀一致的厚片，拿來製作法式土司最為合適。

- 2大匙（28克）捏碎的壓縮酵母或 3½大匙（11克）活性乾酵母
- ¼杯（85克）蜂蜜
- 1杯（224克）冷水
- ¼杯（55克）玉米油，冷壓為佳 或其他植物油
- 3顆 大型蛋

- 2顆 大型蛋的蛋黃
- 4½杯（639克）無漂白中筋麵粉＋ 額外需要的量
- 1½小匙 細海鹽
- 玉米油或植物油，塗抹碗和烤盤用

1. 如果使用壓縮酵母，在重載型攪拌機的攪拌缸中混合捏碎的酵母和蜂蜜。靜置約3分鐘直到酵母釋出少許水分，然後充分攪拌至酵母溶解。加入水、油、2顆蛋和2顆蛋黃，攪拌至完全融合。（如果使用活性乾酵母，請取一個小碗倒入¼杯介於105°F／41°C到115°F／46°C之間的溫水，撒上酵母。靜置5分鐘直到酵母軟化，攪拌至全部融化。倒入攪拌缸。加入蜂蜜、¾杯冷水、油、2顆蛋和2顆蛋黃，攪拌均勻）。攪拌缸裝回攪拌機上，然後裝上槳葉。

2. 緩緩在酵母糊料中分批加入半量麵粉，然後加鹽。分次慢慢倒入剩下的麵粉，攪拌直到形成與缸壁分離的不光滑柔軟麵團。取下槳葉，換上麵團勾。以中低速揉拌，視需要加入更多麵粉，直到麵團變得光滑柔軟，富有彈性，約需6分鐘。

3. 在撒上薄麵粉的工作檯面倒出麵團，稍揉幾下以檢查麵團質地：應該略帶黏性但又不會沾附工作檯面。僅在需要時揉入更多麵粉。取一個大碗抹上薄薄一層植物油。麵團塑型成光潔圓球狀，放入碗內滾動，讓表面沾裹植物油。翻過麵團讓光滑面向上，用保鮮膜緊密覆蓋。靜置於溫暖處直到麵團膨脹，約需1個半小時。

4. 小心操作以保留麵團輕盈蓬鬆的質地。在沒有麵粉的乾淨工作檯面倒出麵團。（不要揉麵。）分成兩份，每份都塑形成圓球狀。用保鮮膜緊密覆蓋，靜置15分鐘。

5. 取2個8×4×2½英吋（約20×10×6公分）的磅蛋糕模抹上植物油。輕輕擠壓其中一個麵團以洩出空氣。小力捶打麵團使其變成長約20公分的長方形。從長邊向上捲，塑形成20公分長的條狀麵團，捏合接縫，有縫面朝下，放入已經抹油的模具。對另一個麵團重複相同步驟。完成後把兩個烤模移到半尺寸烤盤上。

6. 在廚房內選擇一個溫暖處進行後發酵。烤盤連同麵包模一起放入長型塑膠袋。在一個玻璃高杯裝入熱水，放在兩個烤模之間，避免塑膠袋接觸麵團。晃動塑膠袋使其充滿空氣，然後緊密綁起，讓空氣留在袋中。靜置直到麵團膨脹至高出烤模上緣約2.5公分，約需45到60分鐘。

7. 烤架置於烤箱中層，預熱至375℉／190℃。

8. 從袋中取出玻璃杯，然後連著烤盤拿出烤模。剩下的蛋打成蛋液，在麵團表面薄薄刷上一層。烤模連著半尺寸烤盤一起送入烤箱烘焙15分鐘。然後降溫至350℉／177℃，再烤30到40分鐘直到頂部呈金棕色且敲打底部時發出空洞聲。如果麵包感覺上烤得顏色過深，請鬆鬆蓋上一張鋁箔紙。

9. 麵包連同模具移到網架上放涼5分鐘。脫模放在架上直到完全冷卻。

美式泡泡芙
POPOVERS

12個美式泡泡芙

泡泡芙就是純粹的魔法。雖然這已是我們餐廳的萬年菜色,但每當它們從模具中鼓脹膨起,我仍感到無比驚喜。酥脆外殼底下先是完美濕潤的蛋香層,然後是適合填入各種內餡的空心氣孔。我愛以原味或單純填入抹醬的泡泡芙做為一頓清爽早餐,但也喜歡塞進炒蛋(p.213)增添飽足感。

軟化無鹽奶油,塗抹模具用

5顆 室溫大型蛋

2杯(448克)全脂牛奶

¼小匙 細海鹽

2大匙 無鹽奶油,融化放涼

1½杯(213克)無漂白中筋麵粉

特殊器具

泡泡芙專用模具可以做出最好的效果。我試過用杯子蛋糕模跟這款麵糊搭配,但是無法做出泡泡芙的極致膨鬆和超大氣孔。不論在視覺或味覺上的效果都沒那麼完美。

1. 烤架置於烤箱中層,預熱至400℉/204℃。使用軟化奶油塗刷12連泡泡芙不沾烤模的內部與邊緣。

2. 在大型深碗中混合蛋、牛奶、鹽,以浸入式攪拌棒攪打均勻。一邊攪打一邊倒入融化奶油,然後分次加入麵粉,繼續攪打至十分光滑柔細。(另外一種做法是使用直立型攪拌機混合蛋、牛奶和鹽,攪打均勻。在機器運轉的同時倒入融化奶油,然後加入麵粉並繼續攪打至十分光滑柔細。)使用細網目篩子將麵糊過濾到下方的有嘴量杯中。

3. 刷過油的烤模放入烤箱加熱2分鐘。

4. 仔細分裝麵糊到每個泡泡芙模杯,送入烤箱烘烤20分鐘。烤箱降溫至350℉/177℃,繼續烘烤至泡泡芙呈金啡色並在烤模頂端膨脹成帽子狀,約需10分鐘。

5. 小心將泡泡芙脫模後移到網架上。可以熱騰騰吃或溫熱食用。

酵母酸奶油麵團
YEASTED SOUR CREAM DOUGH

2個680克的麵團

這 款麵團無所不能，散發奶油甜香，質地柔軟蓬鬆。以這款萬用麵團為基礎可以做出後面所示的五道點心。它具有如同可頌麵團般的豐富層次，但不必費心費力擀麵摺疊。大量酸奶油賦予麵團更有深度的風味。烤好出爐的麵團嘗起來集酥皮點心、麵包與蛋糕於一身，堪稱早餐的無敵天后。而且製作簡單，冷凍起來想用隨時都有。

- 2½大匙（35克）捏碎壓縮酵母或4¼小匙（14克）活性乾酵母
- ⅓杯（65克）細砂糖
- ⅔杯（161克）酸奶油
- ½小匙 新鮮檸檬汁
- ¼小匙 純香草精
- 2顆 大型蛋的蛋黃
- ¾杯（168克）全脂牛奶
- 4½杯（639克）無漂白中筋麵粉＋額外需要的量
- ½小匙 細海鹽
- 15大匙（212克）無鹽奶油，切成15份，放到非常柔軟
- 軟化無鹽奶油，塗抹碗用

1. 如果使用壓縮酵母，在重載型攪拌機的攪拌缸中混合捏碎的酵母和糖，靜置約3分鐘直到酵母釋出少許水分，然後充分攪拌至酵母溶解。加入酸奶油、檸檬汁、香草精和蛋黃，攪拌至完全融合。倒入牛奶繼續攪打至柔滑。（如果使用活性乾酵母，取一個小碗倒入¼杯介於105℉／41℃到115℉／46℃之間的牛奶，撒上酵母。靜置5分鐘直到酵母軟化，攪拌至全部融化。放入攪拌缸，加入酸奶油、檸檬汁、香草精和蛋黃，攪拌均勻。倒入剩下的½杯冰涼牛奶，繼續攪打至柔滑。）攪拌缸裝回攪拌機上，然後裝上槳葉。

2. 在酵母糊料中分批加入半量麵粉和鹽，以低速攪打，直到形成沾附在攪拌缸邊壁且黏稠如麵糊的麵團。提高至中速。加入半量超軟化奶油攪打，一次加入1大匙，直到前一次加入的奶油吃進去後再加另一匙。取下槳葉，換上麵團勾。倒入剩下麵粉的一半，再加入剩下的奶油，然後倒入最後剩下的麵粉，每次加入材料都要先攪拌均勻，再加入後面一項材料。以中低速揉拌，直到麵團變得光滑柔軟，約需5分鐘。

3. 在撒上薄麵粉的工作檯面倒出麵團，稍揉幾下以檢查麵團質地：應該略帶黏性但又不會沾附工作檯面。僅在需要時揉入更多麵粉。取一個大碗抹上大量奶油。麵團塑型成光潔圓球狀，放入碗內滾動讓表面沾裹奶油，翻過麵團讓光滑面向上，用保鮮膜緊密覆蓋。靜置於溫暖處直到麵團膨脹成兩倍，約需45分鐘。

4. 小心操作以保留麵團輕盈蓬鬆的質地。在撒上薄粉的工作檯面倒出麵團。（不要揉麵。）分成兩份，每份都塑形成約2.5公分厚的長方形。蓋上廚房布巾，靜置15分鐘即可使用。如果不立刻使用，別讓麵團繼續鬆弛。立刻用保鮮膜以適當鬆緊度包起，送入冷凍庫保存可長達2週。使用冷凍麵團前，先冷藏解凍至少8小時或一夜。

瑞可達起司與果醬土司
RICOTTA AND
MARMALADE TOASTS

10到12人份

這種麵包看起來像土司，但由於麵團中加入大量酸奶油，使麵包體的柔軟度遠勝土司。烤過的麵包片吃起來像麵包與酥皮點心的綜合體，非常適合淋上柔滑香濃的瑞可達起司和果香四溢的抹醬。

特殊器具

- 軟化無鹽奶油，塗抹模具用
- ½份 酵母酸奶油麵糰（p.168）
- 無漂白中筋麵粉，擀麵團用
- 高品質瑞可達起司，佐食用
- 柑橘抹醬（p.194）或杏桃抹醬（p.195），佐食用

你可在烹飪器材專賣店或網路上購得14×4×4英吋（約36×10×10公分）的帶蓋土司模。如果不想購買，可以改用9×5×3英吋（約23×13×8公分）的磅蛋糕模烘烤這款麵包。

1. 在14×4×4英吋（約36×10×10公分）的帶蓋土司模內部與蓋子底部塗上一層薄薄奶油。在撒上薄粉的工作檯面放上麵團，輕按麵團以洩出空氣，擀成15×8英吋（約38×20公分）的長方形，長邊面向自己。左右兩側往內摺約1.3公分，接合處捏緊收邊，成為約36×20公分的長方形。一次摺起三分之一的麵團，捲成一個圓胖的麵團，每次摺起麵團都用掌根壓緊接縫。用指尖將最後的接縫捏緊。麵團收口朝下移到烤模中，輕輕按壓使其在模中平整。

2. 蓋上烤模的蓋子，留下約2.5公分縫隙。靜置於溫暖處直到麵團膨脹至低於烤模上緣約1.3公分處，約需1小時。

3. 烤架置於烤箱中層，預熱至350℉／177℃。

4. 完全關上蓋子。烘烤到頂端表皮呈金棕色，約需35分鐘。避免烘烤不足，否則麵包會塌陷。戴上烤箱手套，小心拉開烤模頂部的蓋子，查看麵包是否已充分上色。如果還沒上色，麵包送回烤箱，拿掉蓋子，繼續烤到呈金棕色。

5. 靜置5分鐘後將麵包脫模，移到網架上完全放涼。

6. 上桌前將麵包切片。視喜好烘烤片刻。在每片麵包上塗抹瑞可達起司並加上一坨水果抹醬。

鹹香麵包捲
SAVORY SPIRALS

這些捲成可頌狀的麵包捲在烘烤後會形成金黃香脆的外皮和濕潤多層次的麵包體。刷上薄薄蛋液並撒上鹽粒，突顯酸奶油麵團的鹹香滋味。這麵包捲也可做成晚餐小餐包。

無漂白中筋麵粉，擀麵團用　　　　　　1顆 大型蛋，打散呈均勻蛋液

½份酵母酸奶油麵團（p.168）　　　　猶太鹽，撒在表面用

1. 半尺寸烤盤鋪上烤盤紙。工作檯面撒上一層薄薄麵粉。麵團放在工作檯面，撒上薄薄麵粉。擀成約46×30公分的長方形，長邊面向自己。

2. 使用披薩滾刀和碼尺，仔細切掉麵團的不平整邊緣。縱向切成兩半，分成2個46×15公分的長方形。先拿其中一片長方形麵皮，從左上角往下切出一個底邊為2.5公分的狹長三角形。再以長方形麵皮的左上角為起點量出約5公分長度，用滾刀在這個點劃出一條小刻痕。從這個記號向下斜切至麵皮的底邊左側，切出底部為5公分的三角形。繼續裁切，變換斜切的方向，再切出7個三角形。最後一刀會切出另一個底邊為2.5公分的狹長三角形。對第二片長方形麵皮重複上述步驟，再切出7個大三角形和2個狹長三角形，總共切出14個大三角形和4個狹長三角形。

3. 取一片大三角形麵皮放在工作檯上，底邊面向自己。稍微拉長底邊至約9公分寬。然後拿起三角形麵皮，一手抓著底邊，另一隻手拉長麵皮，使其長度達約18公分。三角形麵皮放回工作檯面，從底部往上捲，最後讓頂點位於麵包捲下方。頂點面向下，放到烤盤。對其他大三角形重複上述步驟，彼此在烤盤上間隔約4公分。兩片狹長三角形的長邊重疊放置，按壓接縫使其密合。仿照大三角形的做法捲起麵皮，放在烤盤上。對剩下兩片狹長三角形重複相同步驟。

4. 在廚房內選擇一個溫暖處進行後發酵。烤盤連同麵包捲一起放入長型塑膠袋。取一個玻璃高杯裝入熱水並放在烤盤上，避免塑膠袋接觸麵團。晃動塑膠袋使其充滿空氣，然後緊密綁起，讓空氣留在袋中。靜置直到麵包捲膨脹，約需40分鐘。

5. 烤架置於烤箱中層，預熱至350°F／177°C。

6. 小心從袋中取出玻璃杯，然後連著烤盤取出麵包捲。在麵包捲表面塗滿一層薄薄蛋液。撒上鹽。烘烤麵包捲直到頂端呈金棕色，約需15到18分鐘。可以趁熱上桌或冷卻至室溫。

迷你「貝果」小點
MINI PASTRY "BAGELS"

12個貝果

我是紐約客，所以知道必須納入以下免責聲明：這些貝果只是因為長成圓環狀而稱為貝果，但是味道完全不同於真正的紐約貝果。雖然如此，它們夾入經典的貝果餡料一樣美味絕頂。隱含甜味的麵團既能襯托水果抹醬的美味，也可和鮭魚等鹹味餡料形成平衡。請參閱下方列出的變化版本。

無漂白中筋麵粉，擀麵團用

½份 酵母酸奶油麵團（p.168）

軟化奶油乳酪，佐食用

水果果醬（p.192-193），佐食用

1. 半尺寸烤盤鋪上烤盤紙。工作檯面撒上一層薄薄麵粉。麵團放在工作檯面，撒上薄薄麵粉。擀成約1.3公分厚的長方形。

2. 使用2½英吋（約7公分）的切模，從麵皮切出數個圓形。收集剩下的麵皮，輕輕按壓在一起（不要過度揉捏麵團），重複擀麵與切麵的動作，直到做出12個圓形麵皮。使用約2.5公分的比斯吉切模，在每個圓形的中間切出一個中空。在已鋪烘焙紙的烤盤放上貝果和中空處取下的小圓麵皮，彼此相隔約4公分。

3. 在廚房內選擇一個溫暖處進行後發酵。烤盤連同貝果和小圓麵皮一起放入長型塑膠袋。取一個玻璃高杯裝入熱水並放在烤盤上，避免塑膠袋接觸麵團。晃動塑膠袋使其充滿空氣，然後緊密綁起，讓空氣留在袋中。靜置直到貝果和小圓麵皮膨脹，約需30分鐘。

4. 烤架置於烤箱中層，預熱至350℉／177℃。

5. 小心從袋中取出玻璃杯，然後移出烤盤。烘烤貝果和小圓麵皮直到頂端呈金棕色，約需13分鐘。冷卻至微溫或室溫。

6. 上桌前將每個貝果和小圓麵皮剖半，抹上奶油乳酪和果醬，再將兩片合在一起。

燻魚配奶油乳酪：
用去皮去骨的燻鱒魚碎肉或燻鮭魚片取代果醬。視喜好鋪上番茄片、紫洋蔥片和酸豆，搭配切塊檸檬或酸豆果實上桌（見右頁圖）。

蜂蜜胡桃肉桂捲
HONEY-PECAN STICKY BUNS

12個肉桂捲

用瑪芬蛋糕模來做這款肉桂捲,可使濃郁的焦糖層和奶香麵包體達成完美比例。倒扣出來時,胡桃和蜂蜜焦糖會像瀑布一般從烤成美麗焦色的肉桂捲側邊流淌而下,散發誘人閃耀的光澤。我建議你讓肉桂捲至少放涼片刻再吃,以防燙傷嘴巴,但就算是我也很難忍住不把它們立刻塞進嘴裡。

表層糖霜

- 14大匙(198克) 無鹽奶油,保持冰涼,切成約1.3公分小塊
- ¼杯＋3大匙(86克) 細砂糖
- ¼杯＋3大滿匙(86克) 淺紅糖
- ⅓杯(113克) 淺色苜蓿蜂蜜或橙花蜂蜜

- 1大匙 細砂糖
- ¼小匙 肉桂粉
- 無漂白中筋麵粉,擀麵團用
- ½份 酵母酸奶油麵團(p.168)
- 3大匙 非常軟的無鹽奶油
- ½杯(74克) 醋栗漿果
- 2杯(220克) 切碎胡桃
- 軟化無鹽奶油,塗抹模具用

1. 製作表層糖霜:重載型直立式攪拌機裝上攪拌槳,在攪拌缸中以高速攪拌奶油直到柔滑,約需1分鐘。分批倒入細砂糖,然後加入紅糖,降至中速,攪打直到混合物均勻細膩。用矽膠刮刀刮淨缸壁。加入蜂蜜,以中速攪打至所有原料完全融合,不要過分攪拌。放旁備用。

2. 取一個小碗,混合糖和肉桂粉,放旁備用。

3. 工作檯面撒上一層薄薄麵粉。麵團放在工作檯面,撒上薄薄麵粉。擀成約46×25公分的長方形,長邊面向自己。表面刷上十分柔軟的奶油,四邊各留出約1.3公分不要塗油。在塗了奶油的表面鋪上醋栗漿果和1杯胡桃,撒上肉桂糖。

Honey-Pecan Sticky Buns

4. 從頂端開始，將約2.5公分的麵皮往內摺並向下壓，然後緊密捲起麵團。捏緊接縫。用掌心前後滾動麵團，讓接縫密合。兩端往內壓，再度滾動麵包捲，使長度延伸至46公分。

5. 在12連瑪芬蛋糕模杯的內部和模具表面刷上軟化奶油。糖霜等量分裝到每個模杯內，用手指壓緊底部。撒上剩下的胡桃。使用銳利的刀子將麵團切成12等份（約3.8公分）。麵包捲切面向下壓入模杯內，麵團頂端應該與烤模齊平。瑪芬烤模移到半尺寸烤盤上。

6. 在廚房內選擇一個溫暖處進行後發酵。烤盤連同瑪芬模一起放入長型塑膠袋。取一個玻璃高杯裝入熱水並放在烤盤上，避免塑膠袋接觸麵團。晃動塑膠袋使其充滿空氣，然後緊密綁起，讓空氣留在袋中。靜置直到麵包捲膨脹並高出模緣約2.5公分，約需40分鐘。

7. 烤架置於烤箱中層，預熱至350℉／177℃。

8. 小心從袋中取出玻璃杯，然後移出烤模。烤模放在半尺寸烤盤上送入烤箱，以便承接滴落下來的糖漿。烘烤至頂端呈金棕色且底部焦糖化，約需30分鐘。

9. 麵包捲留在烤模中，移到網架上冷卻5分鐘。取一個半尺寸烤盤塗上奶油，蓋在瑪芬蛋糕烤模上方。戴上廚房手套，一併拿起烤盤和烤模，迅速但小心地翻轉過來。拿起瑪芬烤模，將肉桂捲移到準備上桌的盤子上，舀起留在瑪芬蛋糕模底部或烤盤上的胡桃和焦糖，放在肉桂捲上。溫熱上桌享用。

阿嬤的匈牙利咖啡時光蛋糕
AMMA'S HUNGARIAN COFFEE CAKE

1條

每次我做這款蛋糕，幾個女兒就會欣喜若狂。這是她們奶奶（她們叫她阿嬤）的招牌甜點。我試著照記憶完整重現這份美味。雖然質地已經近似麵包，但是奶酥頂料讓它們吃起來仍然像是甜點。我在這道食譜中運用了巴布卡（Babka，祖母之意）搓滾技巧，讓肉桂糖遍布在柔軟的麵糊中，纏繞出千旋百轉的漩渦。

奶酥

- ⅓杯（47克）無漂白中筋麵粉
- 1大匙 細砂糖
- 1大匙（滿匙）淺紅糖
- ⅛小匙 肉桂粉
- 1撮 細海鹽
- 2大匙 無鹽奶油，融化冷卻

- ⅓滿杯（65克）淺紅糖
- 2大匙 細砂糖
- 1½小匙 肉桂粉
- 無漂白中筋麵粉，擀麵團用
- ½份 酵母酸奶油麵團（p.168）
- 4大匙（57克）無鹽奶油，非常軟化
- 1顆 大型蛋，打得很散
- 軟化無鹽奶油，塗抹烤盤與塗刷麵團用

1. **製作奶酥：** 在小碗內放入麵粉、細砂糖、紅糖、肉桂粉、鹽和奶油，用手指混合均勻並捏成奶酥粒。放旁備用。

2. 取另一個小碗，混合紅糖、細砂糖和肉桂粉。放旁備用。

3. 工作檯面撒上一層薄薄麵粉。麵團放在工作檯面，撒上薄薄麵粉。擀成約46×25的長方形，長邊面向自己。表面刷上十分柔軟的奶油，四邊各留出約2.5公分。在塗了奶油的表面撒上糖混合物。

Amma's Hungarian Coffee Cake

4. 從頂端開始緊密捲起麵團。在流出的邊緣刷上蛋液並捏緊接縫。用掌心前後滾動麵團，讓接縫密合。將兩端往內壓，再度滾動麵包捲，使長度延長成約46公分。把麵團捲大致對折，形成一個U型，其中一端比另一端長約8公分。用掌緣在彎折處壓出一個記號。較長端沿著較短端纏繞兩次，扭成兩股麻花。再度對折纏繞一次，做出第三股，將兩端塞到麵團下方。最後成品為一個約23公分長的三股麵團。

5. 在9×5×3英吋（約23×13×8公分）的磅蛋糕模內部塗抹大量奶油，放入麵團，麻花捲尾端務必緊密固定在麵團下。麵團表面輕輕塗滿一層軟化奶油，然後撒上奶酥，輕拍使其附著。（奶酥掉到模具角落或邊緣也沒關係。）磅蛋糕模移到半尺寸烤盤上。

6. 在廚房內選擇一個溫暖處進行後發酵。烤盤連同磅蛋糕模一起放入長型塑膠袋。取一個玻璃高杯裝入熱水並放在烤盤上，避免塑膠袋接觸麵團。晃動塑膠袋使其充滿空氣，然後緊密綁起，讓空氣留在袋中。靜置直到麵包捲膨脹並高出模緣約6公分，約需45分鐘。

7. 烤架置於烤箱中層，預熱至350℉／177℃。

8. 小心從袋中取出玻璃杯，然後移出烤模。放在半尺寸烤盤上送入烤箱，烘烤45至50分鐘，直到表面呈深金棕色且麻花捲麵糊看起來熟透。朝蛋糕中心插入即讀型溫度計，讀數應該達到195℉／91℃。如果眼看快要烤焦，在模具上方鬆鬆蓋一張鋁箔紙。

9. 蛋糕留在烤模中，移到網架上冷卻10分鐘。小心將蛋糕脫模，放置在網架上，正面朝上，完全放涼。

10. 用鋸齒刀將蛋糕切片，上桌享用。

Chapter Seven

醬汁、抹醬、果醬、醃漬物

「經典抹醬」是我的事業基礎，因為我真心相信最後的點睛之筆能讓美味無限擴大。淋上自製糖漿或醬汁，塗上水果抹醬或調味奶油，鋪上開胃漬物，都能讓原本就已可口的食物晉升絕品，這個定律同時適用於鹹甜菜色，在早餐上尤其明顯。事實上，我認為佐料是銜接甜與鹹的橋樑，而本章中的食物恰能完美融合這兩個世界。

由於佐料應當少量使用，所以必須強勁濃郁。它們的作用在於烘托主菜而不是搶走風采。醬汁、糖漿和果醬應該甜美誘人，奶油必須鮮明大膽，漬物則要帶來鹹香衝擊。「少即是多」是添加佐料的不變真理。別讓你的早餐主食是一盤糖漿，而華夫餅或鬆餅只是配料。

你通常是邊吃邊加佐料，也可以混合搭配各種滋味，看看自己最喜歡怎麼調配。只要手邊有各式各樣的基礎佐料，你也能創造洋溢個人風格的特別餐食。

〔主要食材〕

◆ 檸檬：少許檸檬汁不僅能突顯水果風味，還能幫助果醬成形。請確保手邊隨時都有新鮮檸檬可用，確認它們擁有與其大小相稱的結實度與重量。

◆ 醋：我使用醋來製作醃漬物，讓漬物能夠迅速吃進酸味。不同品牌的酸度各異，你可以先嚐嚐醃汁的味道，視需要調整醋或糖的用量。

〔工具箱〕

◆ 有蓋玻璃罐：你需要有蓋玻璃罐來保存果醬和醃漬物，用來儲存佐料也非常方便。它們不會吸收氣味，比起塑膠容器更容易讓材料釋放強烈的香味。有些玻璃罐更是美到可以直接從冰箱拿出來上桌。

◆ 重型惰性單柄深鍋：堅固的厚底平底深鍋可以確保醬汁、糖漿和水果抹醬不會煮焦。你絕對不會希望成品彌漫糖燒焦的味道！不要使用未經處理的鋁鍋，它會與酸進行反應，導致果醬含有金屬味。請確認鍋具內部為惰性（不起化學反應）材質。

〔糖漿與醬汁〕

我喜愛楓糖漿，但更愛它們與當季新鮮水果融合的風味。當然，我也喜歡各式各樣能夠襯托高品質產品優點的水果醬汁。醬汁的用途無窮無盡，可以在各種烙捲餅、華夫餅、法式土司、比斯吉、司康、瑪芬、蛋糕甚至冰淇淋上澆淋或舀上一匙。雖然製作容易，但絕對能讓早餐桌上的食客為之驚艷。準備多種醬汁以供挑選，盛裝在晶瑩剔透的容器上桌，展現它們誘人的光澤。

蘋果楓糖漿
APPLE MAPLE SYRUP

青蘋果和楓糖漿是美味絕配。蘋果能使糖漿的甜味變得圓潤芳醇，同時突顯楓糖宜人討喜的風味。

- 1杯（292克）純楓糖漿
- 1顆 中型酸味青蘋果，例如Granny Smith（227克），削皮，去芯，刨絲
- 1½小匙 新鮮檸檬汁
- ½根 香草莢種子，以蘭姆酒漬香草莢為佳（p.15）或½小匙 純香草精

1. 糖漿放入小型單柄深鍋，以小火煮到微滾。離火後拌入蘋果、檸檬汁和香草籽。蓋上鍋蓋，靜置至少2小時使味道融合。

2. 這款糖漿可以蓋起冷藏最多2天。食用前請回復到室溫或稍微加熱，讓它不再冰涼。

覆盆子楓糖漿
RASPBERRY MAPLE SYRUP

約2杯

吸收糖漿的覆盆子會變得飽滿多汁。如果你偏好滑順的流質糖漿，可以用食物調理機或攪拌棒將糖漬覆盆子和糖漿攪打成泥，然後過濾。

- 170克 覆盆子
- 1杯（292克）純楓糖漿

1. 在能夠蓋緊的473毫升容器中混合覆盆子和楓糖漿。蓋上蓋子，冷藏至少3天，最多一週。

2. 食用時，糖漿應回復室溫。

藍莓顆粒醬汁
BUMPY BLUEBERRY SAUCE

約3杯

色澤如同寶石的醬汁總是人見人愛。是搭配甜點享用的絕佳選擇。

- 680克 藍莓
- 2大匙 新鮮檸檬汁
- 1杯（200克）砂糖

1. 在中型惰性單柄深鍋中放入藍莓和檸檬汁，以中火煮到微滾。調成小火繼續烹煮，偶爾攪拌，直到莓果變得柔軟多汁，約需10分鐘。

2. 拌入糖，繼續加熱，偶爾攪拌，直到醬汁稍微變稠，但仍有少許藍莓保留完整顆粒，約需10分鐘。溫熱上桌，或是完全放涼後冷藏在密封容器，最多可保存1週。食用前稍微加熱。

草莓覆盆子醬汁
STRAWBERRY-RASPBERRY SAUCE

約3杯

在上菜前至少2小時處理這些美味可口的莓果，才能讓它們充分釋放汁液，但是最好在做好12小時內吃完。

- 340克 草莓，去蒂，切片
- 170克 覆盆子
- 1杯（196克） 細砂糖
- 1大匙 新鮮檸檬汁
- ½根 香草莢種子，以蘭姆酒漬香草莢為佳（p.15）或½小匙 純香草精

1. 在中型碗內輕輕混合草莓、覆盆子、糖、檸檬汁和香草籽。覆蓋保鮮膜靜置約2小時，偶爾攪拌，直到水果釋出汁液。

2. 醬汁可覆蓋冷藏最多12小時。食用前請先回復室溫。

梅爾檸檬凝乳
MEYER LEMON CURD

約1杯

梅爾（Meyer）檸檬以前只能在特殊食品店買到，現在進入冬季產期就能在超市看到它們的身影。芳香的果皮與酸冽的果汁帶有圓潤的柳橙和柑橘調性，可做出最誘人的檸檬凝乳，無論放在土司、比斯吉、司康、瑪芬、華夫餅或任何早餐桌上的食物上都是如此相得益彰。與楓糖漿混合後的凝乳更是超乎想像的美味鬆餅佐醬。

2顆 大型梅爾檸檬	½杯（98克） 細砂糖
5顆 大型蛋的蛋黃	4大匙（57克） 室溫無鹽奶油，切成約1.3公分小塊

1. 在冷水下沖洗檸檬，徹底弄乾水分。在一個耐熱中型碗或雙層鍋的上鍋內磨入檸檬皮碎，確保避開苦澀的白色海綿層。檸檬切半，在液體量杯上方架一個濾網，擠出檸檬汁。應該能夠得到⅓杯檸檬汁。在檸檬皮中加入果汁、蛋黃和糖。

2. 取另一個耐熱中型碗，在上方架一個中等網目濾篩，放在爐火旁。在裝滿微滾熱水的平底深鍋（或雙層鍋的下鍋）上方放上內含檸檬混合物的碗。加熱混合物，使用矽膠刮刀頻繁刮淨碗壁，直到混合物變成半透明，並且黏稠到足以沾附在刮刀上，約需10分鐘。（用手指劃過刮刀上的檸檬糊料，應該要能留下一條痕跡。且此時在糊料中插入即讀型溫度計，讀數應該達到185℉／85℃）。

3. 透過篩網過濾檸檬蛋糊，流入碗中：使用刮刀攪拌，幫助糊料通過篩子，輕輕擠壓，使更多糊料流過。別讓任何固體掉進碗中。分批拌入奶油，每加一批就需加以攪拌，直到完全融合後再加入下一批。

4. 覆蓋一張保鮮膜，直接貼附在凝乳表面，戳幾個小孔讓蒸汽逸散。完全冷卻後倒入一個有蓋容器，冷藏至冰涼。凝乳放在密封容器中可以冷藏保存最多3天。

梅爾檸檬楓糖漿：
在2杯（584克）純楓糖漿中加入¼杯（70克）梅爾檸檬凝乳，攪拌均勻。

羊奶起司抹醬
GOAT CHEESE SPREAD

約¾杯

羊奶起司可為傳統的香草奶油乳酪抹醬增添富有層次的強烈風味，佐食煙燻魚類尤其可口。我也喜歡搭配番茄和小黃瓜做成三明治，或是單純抹在迷你「貝果」小點（p.172）、玉米麵包（p.59）或土司上享用。

- 114克 軟化新鮮羊奶起司
- 114克 軟化奶油乳酪
- 1小匙 切碎新鮮蒔蘿
- ½小匙 切成極碎的新鮮細香蔥
- 猶太鹽

在中型碗內混合羊奶起司和奶油乳酪，以矽膠刮刀混拌至均勻滑順。拌入蒔蘿和細香蔥，使其均勻分布。裝入上菜器皿，以曲柄抹刀抹平表面。撒上鹽。抹醬放在密封容器內可冷藏保存最多3天。

甜奶油
SWEET BUTTERS

在 烤香的自製麵包上（p.154-164）塗抹下列任一種簡單配方，就能享受別具情趣的早晨時光。每個食譜約可製作⅔杯，裝在170毫升的小盅內剛好。如果以曲柄抹刀抹平表面，你還可以用叉子齒尖刻出名字縮寫或劃出其他圖案。緊密覆蓋這些奶油，可以冷藏保存最多3天。

果醬奶油：

在中型碗內混合8大匙（114克）室溫無鹽奶油和3大匙顆粒果醬（p.192-193）或無顆粒果醬（p.196-198），攪拌成均勻滑順的泥狀。

蜂蜜胡桃奶油：

在中型碗內混合8大匙（114克）室溫無鹽奶油和2大匙蜂蜜，打成均勻滑順的泥狀。拌入2大匙烤過的切碎胡桃（p.53），直到均勻分布。

梅爾檸檬凝乳奶油：

在中型碗內混合8大匙（114克）室溫無鹽奶油和3大匙梅爾檸檬凝乳（p.186），攪拌成均勻滑順的泥狀。

楓糖海鹽奶油：

在中型碗內混合8大匙（114克）室溫無鹽奶油和2大匙純楓糖漿，打成均勻滑順的泥狀。裝入小碟，在平滑的頂部撒上粗海鹽，如Maldon、喜馬拉雅粉紅岩鹽或鹽之花。

水果抹醬

我認為自己已算是自製果醬的專家，但有時候就連我手邊都沒有器材能夠幫剛煮好的新鮮水果抹醬裝罐密封。我們最近才剛完全翻新住家。在整修期間，所有有蓋瓶罐和器材全都打包裝箱，所以無法密封果醬瓶。正是從這時候起，我開始製作小量冷藏果醬。它們能夠快速煮好，而且不必密封裝罐。雖然無法在冰箱裡長期保存，但是到期之前應該早就會被吃個精光。

冷藏果醬不需要多少事前準備工作和精力，成品卻能帶來無限歡愉。土司顯然是最適合塗上抹醬的基底，但是搭配歐姆蕾蛋捲（p.217）等鹹味料理也能帶來意外驚喜。幾乎所有早餐料理都可以配上一點自製果醬讓美味加分。

製作完美冷藏水果抹醬的祕訣

1. 在開始製作前做好準備工作。雖然不需要對瓶罐進行熱密封作業，你仍然需要高品質的玻璃瓶和新蓋子。在熱肥皂水中清洗瓶罐、蓋子和箍圈，徹底沖洗乾淨。你也可使用洗碗機，但蓋子不可放入，必須個別手洗。你可能也需要一條厚毛巾來放裝滿果醬的瓶罐。內有熱果醬的瓶罐如果放在冰涼表面可能會裂開。

2. 開始烹調之前請先試吃水果。如果很甜，請視個人口味減少糖量。由於糖具有防腐作用，加入越多糖，果醬的保存期限也越久。但無論如何，這些小量果醬很快就會吃光。

3. 不要過度烹煮水果-糖混合物。製作果醬的目的是保存水果的風味。我喜歡帶點流質的果醬，只要別越界變成糖漿就好。風味的重要性遠大於稠度。請記得，果醬冷卻後會變得較為濃稠。

4. 將水果抹醬穩妥裝入瓶罐。廣口漏斗有幫助但並非必要。在果醬瓶頂端留出約0.6公分的空間，以熱濕布巾拭淨瓶罐邊緣。用奶油刀輕輕插入抹醬底部以消除任何氣穴。蓋上洗好的熱瓶蓋，鎖上箍圈。

5. 放在室溫下直到抹醬完全冷卻，然後送入冰箱。在此再度叮嚀，熱瓶罐驟然遇冷可能破裂。

6. 在2週內食用完畢。食用時不要將用過的湯匙或奶油刀反覆放回果醬瓶，以免滋生細菌，導致美味的抹醬腐敗。

蜜李果醬
PLUM PRESERVES

要製作酸甜美味的果醬，先從選擇酸甜美味的水果開始。在這道食譜中，我結合三種受歡迎的蜜李品種，但你應該也去當地市場嘗試各種傳統蜜李。僅須確定果肉的使用總量需要3½滿杯。此外，請選購滋味飽滿的成熟果實，結實的果肉優於軟爛。

- 2顆 黑肉李（227克），切半，去核，切成約1.3公分小丁（1½杯）
- 1顆 紅肉李（142克），切半，去核，切成約1.3公分小丁（1杯）
- 2顆 杏李（170克），切半，去核，切成約1.3公分小丁（1杯）
- ¼杯（56克）水
- 1大匙 新鮮檸檬汁
- 1杯（200克）砂糖

1. 在惰性大型單柄深鍋中加入黑肉李、紅肉李、杏李、水和檸檬汁，以中火煮到微滾，偶爾攪拌。降至小火，繼續熬煮，偶爾攪拌，直到水果開始軟化，但部分果肉依然保持完整，約需3分鐘。

2. 拌入糖。繼續燉煮，偶爾攪拌，直到果醬變得濃稠但依然保持流體狀態，約需10分鐘。撇除並丟棄表面的泡沫。

3. 分裝果醬到三個乾淨的半品脫（約237毫升）有蓋瓶罐中。密封並冷卻至室溫，冷藏可保存最多2週。

李子醬：

在惰性大型單柄深鍋中加入1杯（308克）蜜李果醬、¼杯（56克）紅酒、2大匙紅酒醋，以中火加熱至沸騰，頻繁攪拌。降至中小火，燉煮5分鐘。倒入果汁機，加進1杯（240克）番茄醬，打到滑順均勻。放入中型碗，拌入另外1杯（240克）番茄醬。依個人口味以現磨黑胡椒調味。這款醬料覆蓋冷藏可保存最多1個月。製作量約3杯。

草莓大黃果醬
STRAWBERRY-RHUBARB PRESERVES

2份半品脫果醬

這款由春季兩大超人氣農產組合而成的果醬，在加入檸檬和香草後更加美味。我會連皮使用整顆檸檬。檸檬皮可提供額外果膠幫助果醬成形，美味的果肉則能增加咀嚼口感。香草籽顆粒讓這款果醬迷人討喜，散發馨香，感覺上就像在品嘗甜點。

- 1½根 大黃莖（227克），使用蔬果削皮刀去除粗纖維，莖切成約0.6公分片狀（1¼杯）
- 7顆 草莓（227克），去蒂，縱切成4份後再斜切成約1.3公分厚的片狀（1⅓杯）
- ½顆 梅爾檸檬或¼顆 一般檸檬（42克），連皮切成約0.3公分厚的片狀，去籽
- ¼杯（56克）水
- 1½杯（300克）砂糖
- ½根 香草莢，以蘭姆酒漬香草莢（p.15）為佳

1. 在惰性大型單柄深鍋中加入大黃、草莓、檸檬和水，以中火煮到微滾，偶爾攪拌。降至中小火，繼續熬煮5分鐘，偶爾攪拌。

2. 拌入糖。使用刀尖剖開半根香草莢，刮出香草籽放入鍋中（或者，如果使用藍姆酒漬香草莢，請擠出香草籽），加入香草莢。繼續熬煮，偶爾攪拌，直到果醬變得濃稠，約需10分鐘。撇除並丟棄表面的泡沫。取出香草莢丟棄。

3. 分裝果醬到兩個乾淨的半品脫（約237毫升）有蓋瓶罐中。密封並冷卻至室溫，冷藏可保存最多2週。

柑橘抹醬
MANDARIN ORANGE SPREAD

2份半品脫果醬

使用新鮮水果製作抹醬需要特別仔細費心。以這款果醬為例，我必須撕除橘子上的每根白絲，取出果肉瓤瓣，縱切成半。這麼費工自有原因。Golden Nugget橘吃起來就像陽光在嘴裡爆發，我想保留多汁豐富的柑橘甜味，但又不希望摻入任何一點白色海棉層的苦澀。切開橘瓣則可讓更多果肉暴露出來，以便快速煮好。過度烹煮會破壞果醬清爽新鮮的風味。

14顆 無子柑橘，以Golden Nugget橘為佳，剝皮並去除白絲（305克）

1大匙 新鮮檸檬汁

1½杯（300克） 砂糖

1. 取出柑橘果瓣，撕除殘餘的白絲。應該要得到4滿杯的橘瓣。每片橘瓣縱切成半。

2. 在惰性大型單柄深鍋中加入橘瓣和檸檬汁，以中火煮到微滾，偶爾攪拌。降至中小火，繼續熬煮，偶爾攪拌，直到果肉分離且釋出汁液，約需5分鐘。

3. 拌入糖。繼續熬煮，偶爾攪拌，直到抹醬變得濃稠，約需5分鐘。

4. 使用浸入式攪拌棒或果汁機，將上述混合物仔細攪打成接近柔滑的果泥（如果使用果汁機，請將果泥倒回平底深鍋）。以中大火煮到沸騰，然後降低火力，保持穩定的微滾狀態，熬煮至抹醬變得濃稠，約需5分鐘。撇除並丟棄表面的所有泡沫。

5. 分裝抹醬到兩個乾淨的半品脫（約237毫升）有蓋瓶罐中。密封並冷卻至室溫，冷藏可保存最多2週。

杏桃抹醬
APRICOT SPREAD

2份半品脫果醬

Golden Velvet杏桃的名稱來自如美妙天鵝絨般觸感的果皮，具有一般杏桃的豐美滋味，但是酸味更加細緻深奧。混合一般大型杏桃一起熬煮，就能製作出美味無法擋的金黃果醬。

2顆 非常大的杏桃（283克），切半，去核，切成約1.3公分小丁（1½杯）

6顆 小型Golden Velvet杏桃（283克），切半，去核，切成約1.3公分小丁（1杯）

¼杯（56克）水

1大匙 新鮮檸檬汁

1¼杯（250克）砂糖

¼小匙 純杏仁精

1. 在惰性大型單柄深鍋中加入大杏桃、小杏桃、檸檬汁和水，以中火煮到微滾，偶爾攪拌。降至小火，繼續燉煮5分鐘，偶爾攪拌，直到水果開始軟化，但仍有部分果肉保持完整。

2. 拌入糖和杏仁精。繼續燉煮，偶爾攪拌，直到抹醬變得濃稠，約需15分鐘。撇除並丟棄表面的泡沫。

3. 分裝果醬到兩個乾淨的半品脫（約237毫升）有蓋瓶罐中。密封並冷卻至室溫，冷藏可保存最多2週。

草莓果醬
STRAWBERRY JAM

多年前，當我開始製作生平第一批草莓果醬時，我學到不加果膠的話，果醬永遠不會成形。我在可以自行採果的農場摘了一箱又一箱的草莓，懷著無比雀躍的心情想要封存當季莓果的風味。那些草莓是如此新鮮，馥郁的芬芳醺然欲醉，幾乎到令人喘不過氣來的程度。雖然做出來的果醬十分美味，但由於沒有加入任何果膠，所以無法成形。鑑於那次經驗，後來我總會加入天然的果膠來源。在這個食譜中我使用檸檬和柳橙汁，不僅可讓果醬結成凝膠，還能突顯莓果的甜味。

- 567克 草莓，去蒂，切成約1.3公分小塊（3杯）
- ¼杯（56克） 鮮榨柳橙汁
- 2大匙 新鮮檸檬汁
- 1½杯（300克） 砂糖

1. 在惰性大型單柄深鍋中加入草莓、柳橙汁和檸檬汁，以中火煮到微滾，偶爾攪拌。降至中小火，繼續燉煮5分鐘，偶爾攪拌。

2. 拌入糖。繼續燉煮，偶爾攪拌，直到果醬濃稠且汁液變得透明，約需15分鐘。撇除並丟棄表面出現的泡沫。

3. 分裝果醬到兩個乾淨的半品脫（約237毫升）有蓋瓶罐中。密封並冷卻至室溫，冷藏可保存最多2週。

藍黑雙莓果醬
BLUEBERRY-BLACKBERRY JAM

3份半品脫果醬

這些深色莓果富含天然果膠，使得烹調過程本身就是一種純粹的樂趣：我喜歡拿著湯匙劃過熔岩一般的果糊，欣賞每次攪拌時冒出的泡泡和泛起的波紋。品嘗時當然也同樣享受。

- 2杯（340克）黑莓
- 2杯（283克）藍莓
- 1大匙＋1小匙 新鮮檸檬汁
- 1½杯（300克）砂糖
- ½根 香草莢，以蘭姆酒漬香草莢為佳（p.15）

1. 在惰性大型單柄深鍋中加入黑莓、藍莓和檸檬汁，以中火煮到微滾，偶爾攪拌。降至中小火，繼續燉煮8分鐘，偶爾攪拌。

2. 拌入糖。使用刀尖剖開半根香草莢，刮出香草籽放入鍋中（或者，如果使用蘭姆酒漬香草莢，請擠出香草籽），加入香草莢。繼續燉煮，偶爾攪拌，直到果醬變得濃稠，約需8分鐘。撇除並丟棄表面出現的泡沫。取出香草莢丟棄。

3. 分裝果醬到三個乾淨的半品脫（約237毫升）有蓋瓶罐中。密封並冷卻至室溫，冷藏可保存最多2週。

三莓果醬：用1杯覆盆子取代1杯藍莓或黑莓。

無花果果醬
FIG JAM

每年秋天，新鮮無花果總是讓我欲罷不能。事實上，我有個朋友住在布魯克林，她家後院就有一棵巨大的無花果樹。我還真幸運！這些無花果可以做出全世界滋味最美的果醬，酒紅的色澤更是令人難忘。

小叮嚀　如果使用嘗來已像果醬的成熟無花果，記得調味時減少糖量。

* 312克 新鮮無花果，去掉不要的部分，切丁（2杯）
* 2大匙 水
* 2大匙 鮮榨柳橙汁
* 1大匙 新鮮檸檬汁
* 1杯（200克）砂糖

1. 在惰性大型單柄深鍋中加入無花果、水、柳橙汁和檸檬汁，以中火煮到微滾，偶爾攪拌。降至中小火，繼續熬煮5分鐘，偶爾攪拌。

2. 拌入糖。繼續熬煮，偶爾攪拌，直到無花果完全煮軟，約需15分鐘。撇除並丟棄表面出現的泡沫。

3. 分裝果醬到兩個乾淨的半品脫（約237毫升）有蓋瓶罐中。密封並冷卻至室溫，冷藏可保存最多2週。

濃縮蘋果顆粒醬
CHUNKY APPLE BUTTER

約3杯

濃縮蘋果醬（apple butter）裡沒有奶油（butter），英文名稱中的奶油兩字反映出這款果醬濃郁柔膩的質感，將蘋果放在果汁中燉煮就能得到這種成品，用途跟抹醬一般多樣。濃縮蘋果醬通常柔滑細緻，但我喜歡做成略帶顆粒感的版本。

- 908克 Granny Smith青蘋果，削皮，去芯，切成約1.3公分小丁
- ½杯（112克）無糖蘋果汁
- 1½大匙 新鮮檸檬汁
- ¼小匙 肉桂粉
- 1½杯（300克）砂糖
- ½根 香草莢，以蘭姆酒漬香草莢為佳（p.15）

1. 在惰性大型單柄深鍋中加入蘋果、蘋果汁、檸檬汁和肉桂，以中火煮到微滾，偶爾攪拌。降至中小火，繼續熬煮約10分鐘，時常攪拌，直到蘋果有點軟化。

2. 拌入糖。使用刀尖剖開半根香草莢，刮出香草籽放入鍋中（或者，如果使用蘭姆酒漬香草莢，請擠出香草籽），加入香草莢。調至中火，煮到微滾狀態，然後調降火力，保持穩定的微滾狀態繼續燉煮，偶爾攪拌，直到蘋果煮成濃稠帶顆粒的果泥，約需25分鐘。取出香草莢丟棄。

3. 取一個密封容器裝入濃縮蘋果醬，冷藏可保存最多1週。

醃漬物

佐料雖然主要是甜鹹兩味的天下，但是酸味也能烘托料理風味。我熱愛醃漬物，喜歡直接從瓶子裡捻著吃。它們十分適合平衡香腸等早餐肉品的油膩，還能賦予新鮮蔬菜明亮清爽的風味。一天中的每一餐都能用上醃漬物。薄片可夾在三明治中，切絲可撒在主食上。如同冷藏果醬，我會製作小量醃漬物，省略罐裝過程，放在瓶子裡最多可冷藏保存一個月。

美式酸黃瓜
BREAD-AND-BUTTER PICKLES

約2杯

每次只要打開一瓶這樣美味可口的酸黃瓜，我總是一片又一片地吃個沒完。絕佳的酸甜平衡是這款漬物令人難以抗拒的原因。我會將它們塞進香草腸肉餅早餐小漢堡（p.264）和火腿乳酪酥餃（p.255）中，和豬肉的鹹香油潤共譜美味協奏曲。

- 1杯（224克）米醋
- 1杯（224克）水
- 1杯（200克）砂糖
- 2杯（218克）切成極薄片的Kirby小黃瓜

1. 在惰性中型單柄深鍋中加入醋、水和糖。煮到沸騰，攪拌使糖融化。

2. 同時間，在一個惰性中型密封容器內放入小黃瓜切片，倒入步驟1中的熱醃汁，蓋緊蓋子。冷卻至室溫，送入冰箱冷藏至少1夜，最多可保存1個月。

血腥瑪麗漬物
BLOODY MARY PICKLES

約4杯

這是本餐廳招牌早餐雞尾酒——無酒精爽脆血腥瑪麗（p.33）——的亮點，它們酸香清脆的口感讓這款平民飲品瞬間變身。這道食譜做出的份量很多，因為血腥瑪麗中加入越多漬物風味越好。如果用不完，可以撒在烤雞茴香肉餅（p.268）或三香草冷醃鮭魚（p.272）上，或單獨擺成一盤作為涮嘴零食。

- 2杯（448克）蘋果酒醋
- 2杯（448克）水
- ¾杯（150克）砂糖
- ¾小匙 細海鹽
- 100克 芹菜，用蔬果削皮刀去除粗纖維，切成約8公分長絲（1杯）
- 127克 胡蘿蔔，削皮，切成約8公分長絲（1杯）
- 100克 紅甜椒，切成約8公分長絲（1杯）（參閱p.259的小叮嚀）
- 114克 豆薯，切成約8公分長絲（1杯）

1. 在惰性中型單柄深鍋中加入醋、水、糖和鹽，煮到沸騰，攪拌使糖融化。

2. 同時間，在一個惰性大型密封容器內放入芹菜、胡蘿蔔、紅甜椒和豆薯絲。倒入步驟1中的熱醃汁淹過蔬菜，蓋緊蓋子。冷卻至室溫，送入冰箱冷藏至少1夜，最多可保存1個月。

Chapter Eight

百變蛋料理

這些年來，在繁忙的早午餐尖峰時刻，我總是守在餐廳廚房的火爐邊。沒有哪個地方比這裡更能瞭解五花八門的吃蛋習慣。點單如雪片般湧進：「荷包蛋，但邊緣略焦」、「軟但又不會太軟」、「蛋黃要微微流動」。環顧整個用餐室時，我發現有些客人會用叉子弄碎炒蛋，有些人則把蛋舀到土司上變成三明治。煎蛋的吃法通常可歸類為三種：一次全部切好才吃、先切出蛋黃，或是留下蛋黃。我看過客人把土司撕成小塊沾食溏心蛋，也看過堅持正統的客人直接從蛋殼內舀著吃。我還觀察到有些客人會把原味歐姆蕾蛋捲切成一條一條，然後加上一坨果醬；有的人則會吃完所有餡料但只吃一點點蛋。（「我想要只用一顆蛋的歐姆蕾蛋捲，所以我只吃掉一顆蛋的份量。」聽起來很合理。）

雖然現在我已經不再親上「火」線，但是看到千奇百怪的吃蛋方式仍然令我嘖嘖稱奇。我的家人和朋友也各有不同的吃蛋習慣。但不論採用哪種吃法，都要先以做出完美的蛋料理為起點並且好好享用。在接下來的食譜中，我會向大家介紹如何烹調這種無人不愛的早餐食材。

〔主要食材〕

◆ 蛋：我們餐廳使用的蛋是由最可靠的鄰近農場新鮮直送。在家我則使用在農夫市集、超市或天然食材店購買的當地永續養殖有機蛋。它們的風味遠勝工廠式飼養雞蛋，而且經過更細心的處理。購買時請比較到期日並選擇最新鮮的雞蛋。絕對不可將雞蛋存放在室溫下或冰箱門的蛋盒，那裡可能是整個冰箱內溫度最高的地方。請把雞蛋留在原始紙盒內，這樣有助避免雞蛋透過多孔隙蛋殼吸收難聞的氣味。

近年來，大家已經不再害怕食用未熟蛋，但是未熟不潔的憂慮仍然存在。的確在極罕見的情況下，雞蛋可能含有有害的沙門氏桿菌。蛋必須煮到170℉／77℃以上才能殺死這種細菌。但是用平底鍋將蛋煮到這個溫度會變得又硬又韌，有如橡皮。如果你不介意吃半熟蛋（我肯定不介意），請務必採取下列預防措施。雖然不見得會殺死沙門氏桿菌，但會降低風險。你也可以購買經過巴氏滅菌法處理過的蛋，利用加熱處理降低食源性疾病的風險。你還可用非常溫和的肥皂水清洗蛋殼，請確保徹底沖洗乾淨

並弄乾，但這個步驟只能在要用之前進行，否則會洗掉讓蛋保持密封和新鮮的天然保護膜。絕對不可使用出現裂痕的蛋。避免讓長者、幼兒、孕婦或免疫系統受損與不全者食用未熟蛋。用熱肥皂水洗淨雙手、用具和任何可能接觸生蛋的烹飪區域。

〔工具箱〕

- 不沾平底鍋：務必使用高品質不沾鍋。重型厚底鍋具可提供最佳熱分布效果。煎歐姆蕾蛋捲的平底鍋邊緣必須稍具斜度，這樣才能輕鬆倒出蛋捲。炒蛋和歐姆蕾蛋捲最適合使用8½英吋（約22公分）的平底鍋。（如果一次要煎較多顆蛋，你可能會想使用較大的鍋子。）準備好適當鍋具，請只用來製作蛋料理。好好保護你的鍋具，避免刮傷。雞蛋會沾黏在受損的不沾鍋鍋面。請使用合適的器具，例如耐熱矽膠鍋鏟和木匙，並僅使用製造商建議的清潔劑。
- 浸入式攪拌棒：這種小家電是最適合攪打歐姆蕾蛋捲和炒蛋用蛋液的工具，能夠創造絲滑柔順的質地。即使用打蛋器快速用力攪打，仍舊無法打散繫帶（與蛋黃相連的粗白帶狀物）。但攪拌棒只要幾秒就能完成這項工作。
- 細網目濾篩：如果想讓歐姆蕾蛋捲和炒蛋達到餐廳級的嫩滑度，可以先用篩網過濾蛋液。這麼做的另外一個好處是能攔截任何可能掉入蛋液的細碎蛋殼。

製作完美蛋料理的祕訣

1. 所有蛋料理都應以室溫蛋製作。從冰到熱的急遽溫度變化會讓全熟白煮蛋或溏心蛋的蛋殼破裂，並導致荷包蛋的蛋黃散開。在烹調前一小時從冰箱取出雞蛋。如果忘了這麼做，請將帶殼蛋放入碗中，注入溫水蓋過，靜置幾分鐘使雞蛋回溫。

2. 使用火力適中的熱源和澄清奶油烹調雞蛋可獲得最佳效果。以中大火加熱煎鍋中的奶油，直到油溫夠熱。加入雞蛋後調成小火。這一點對於歐姆蕾蛋捲和炒蛋尤其重要，均勻慢火烹調能讓雞蛋嫩滑可口，質地鬆軟。如果溫度太高，這些柔軟的蛋料理就會變得像橡膠。

3. 我不喜歡炒蛋或歐姆蕾蛋捲中出現蛋白絲。請務必使用浸入式攪拌棒充分打散蛋液。這個器具可以直接放入碗中，將雞蛋快速攪打成均質的金黃流體。

4. 在餐廳，我們會用錐形篩網（chinois）過濾蛋液，去除稱為繫帶的白色細絲狀物。在家烹調時，如果只煮幾顆蛋，繫帶不會造成太大困擾。但若要打散12顆或更多雞蛋來製作大批歐姆蕾蛋捲，有些蛋捲就會含有太多硬韌的繫帶。所以事先篩濾蛋液是個好辦法。

5. 蛋料理的調味跟吃法一樣個人。我自己是在料理完成後才加調味，因為我喜歡調味料撒在雞蛋表面的味道和口感。但你也可以在蛋液中先加入調味料。鹽並不會像某些廚師聲稱的會讓蛋變硬。

6. 蛋做好立刻享用風味最佳，能夠盛放在溫熱的盤子更好。如果你必須大量製作，那麼可將做好的蛋料理放入170℉／77℃的烤箱保溫。但絕對不可超過5分鐘，否則會破壞蛋細緻的質地口感。

7. 一次要做好幾個歐姆蕾蛋捲，可以用上兩個平底鍋建立一條「生產線」。然後將歐姆蕾蛋捲滑到盤子上放入烤箱，讓它們能在你繼續製作下一批歐姆蕾蛋捲時保持溫熱。

溏心蛋或全熟白煮蛋

雞蛋放入平底深鍋，注入足量冷水蓋過雞蛋並高出約2.5公分。以大火加熱，一煮到沸騰即將深鍋離火並蓋上鍋蓋。靜置4分鐘即可得到溏心蛋，靜置15分鐘則得到全熟白煮蛋。（別讓雞蛋靜置超過15分鐘，不然可能會過熟並在蛋黃邊緣產生一圈灰綠色。）雞蛋煮好後瀝乾水分，以冷水沖洗，避免雞蛋繼續熟化。全熟白煮蛋在溫熱時很容易剝殼。如果要為冷掉的雞蛋剝殼，請用熱水沖洗約1分鐘，為它們稍微加溫。

魔鬼蛋沙拉
DEVILED EGG SALAD

約3¼杯；10到12人份

我是蛋沙拉的純粹主義者。蒔蘿和細香蔥可為蛋沙拉增添清爽的香草芬芳，但就算不加我也很愛。這道經典的魔鬼蛋沙拉採用香濃的美乃滋，讓嗆辣的芥末醬變得溫和順口。

- ½杯（116克）美乃滋
- ½杯（70克）切丁芹菜心（切碎前先用蔬果削皮刀去除粗澀的纖維）
- 1大匙 切成粗末的新鮮蒔蘿
- 2小匙 切成細末的新鮮細香蔥
- 1小匙 芥末粉，以英國Colman's為佳
- ¼小匙 匈牙利甜紅椒粉
- 10個 大型全熟白煮蛋（p.207），剝殼並切成約0.6公分小丁
- 細海鹽和現磨黑胡椒

1. 取一個大碗，攪拌美乃滋、芹菜心、蒔蘿、細香蔥、芥末粉和紅椒粉。

2. 加入雞蛋，輕輕攪拌直到混合均勻，視個人口味以鹽和黑胡椒調味。立刻上桌，或蓋上保鮮膜冷藏，最多可存放一夜。

蛋沙拉比斯吉：
製作兩批沃特米爾比斯吉（p.134），總數約20到24個。掰開比斯吉，在下層鋪上一匙蛋沙拉。放上嫩芽類蔬菜，例如豆苗，蓋上比斯吉的上層，做成三明治（見右頁圖）。

水波蛋

在自家或在餐廳，我們總是使用水波蛋器，因為這是最容易做出完美水波蛋的方式，不論做2個或12個都能成功到位。我家的水波蛋器是全世界最棒的工具。這款Endurance品牌製作的產品配有一個6蛋杯托盤，可讓蛋杯穩妥放置在微滾熱水上方。中央把手則可一次拿起所有雞蛋。最棒的是，玻璃頂罩上方有個小洞讓蒸氣逸散，減少滴到美美雞蛋上的水量。

用水波蛋器製作水波蛋，只要在一個深平底鍋倒入約3.8公分的水，以大火煮開，然後降至小火，讓水保持在微滾狀態。使用澄清奶油（p.66）塗刷蛋杯內部，立刻將雞蛋打在每個蛋杯中。根據製造商指示製作水波蛋，直到蛋白凝固，約需3分鐘。取出雞蛋，視需要放在紙巾上吸乾水分。趁熱上桌。

如果不想使用水波蛋器，取一個深平底鍋倒入約3.8公分的水，以大火煮開，然後降至小火，讓水保持在微滾狀態。在烤盅內打入雞蛋，一次一個滑入微微沸騰的滾水中。用湯匙舀起蛋白放回每顆雞蛋頂端，幫助雞蛋保持橢圓形狀，直到蛋白凝固，約需3分鐘。使用漏勺舀起每顆水波蛋，放在紙巾上吸乾水分。

經典班尼迪克蛋
CLASSIC EGGS BENEDICT

6人份

信不信由你，Sarabeth's餐廳剛開幕時，班尼迪克蛋並不在菜單上。自從我們開始提供這道料理，點單之多令我們應接不暇。日本的客人尤其死忠。我堅持採用經典的荷蘭醬，花上許多時間調製，特別費心打入軟化奶油，以免醬汁分解變稀。濃郁的醬汁因為持續攪打而變得輕盈爽口，溫柔包覆水波蛋和我的招牌英式滿福堡。

荷蘭醬

- 3顆 室溫大型蛋的蛋黃
- 1大匙 水
- 227克 軟化無鹽奶油
- 1大匙＋1小匙 新鮮檸檬汁
- 細海鹽

- 12片 溫熱的高品質薄火腿片
- 12顆 熱水波蛋（p.210）
- 6個 全麥英式滿福堡（p.161），頂端切平，剖成兩半，烤過
- 切丁紅甜椒與黃甜椒，裝飾用
- 剪碎的新鮮細香蔥，裝飾用
- 現磨黑胡椒，裝飾用

1. **製作荷蘭醬：** 在雙層鍋的下鍋或一個大平底深鍋中裝入一半水，加熱到微滾。在雙層鍋的上鍋或一個能與平底深鍋緊密接合的惰性金屬碗內打散蛋黃和水。

2. 雙層鍋的上鍋或金屬碗放在沸水上，以打蛋器攪打至蛋黃顏色變得極淺且質地濃稠，約需3分鐘。如果蛋黃液太快煮熟，可能會凝結出現疙瘩，請將上鍋或金屬碗從平底深鍋（下鍋）移開，繼續攪打片刻，然後再度放回滾水上。如果每次攪拌時都能看到碗（鍋）底，代表熟度剛好。

3. 一邊攪打，一邊分批少量加入奶油。等到所有奶油都已吃進且混合物變得絲滑柔順，拌入檸檬汁並依個人口味加鹽。

4. 在切半的現烤英式滿福堡頂端放上1片溫熱的火腿片和1顆熱水波蛋，用湯匙舀上荷蘭醬，讓醬汁從蛋和滿福堡的側邊流下。以甜椒、細香蔥和黑胡椒裝飾。立即上桌。

冷醃鮭魚班尼迪克蛋： 把火腿換成三香草冷醃鮭魚（p.272）。

煎蛋

在平底鍋加入澄清奶油（p.66），使其攤流覆蓋整個鍋面。以中火加熱，打入一個或數個蛋，降至小火，煎到想要的熟度。要煎荷包蛋，請蓋上鍋蓋，煎到蛋白凝固。要雙面煎但蛋黃半熟，等到蛋白凝固後小心翻面，煎香另外一面。你也可以舀少許奶油淋在蛋上，好加快烹調速度，但請維持在小火。大火會煎出硬梆梆的蛋。

極緻炒蛋
ULTIMATE SCRAMBLED EGGS

1人份

完美的炒蛋應該金黃柔軟，接近蓬鬆。關鍵在於輕柔操作。在平底鍋內將蛋液由外往內翻拌，盡量留住空氣。我不會用高溫大火炒蛋，低溫小火有助炒蛋保持軟嫩。如果要做更多人份，可以視需要增加蛋量和鍋子尺寸，最多可以在12英吋（約30.5公分）的平底鍋中炒12個蛋。每增加3顆蛋就再多加1小匙澄清奶油。

- 3顆 大型蛋
- 2小匙 澄清奶油（p.66）
- 細海鹽和現磨黑胡椒

1. 取一個中型碗，用浸入式攪拌棒或鋼絲打蛋器攪打蛋，直到蛋白蛋黃完全融合。

2. 在中型不沾平底鍋中以中火加熱澄清奶油，直到油溫變得很高。加入蛋液，立刻轉為小火，加熱直到蛋液邊緣固定。使用矽膠鍋鏟將蛋皮由外往內翻拌。等到邊緣再度凝固之後，重複翻拌的動作。反覆操作，直到雞蛋成為柔軟濕潤的凝乳狀（或視需要再炒久一點）。立刻移到溫熱的盤子上。切記，蛋即使離鍋仍會持續熟化並變得扎實。整個過程應該不超過2分鐘。以鹽和黑胡椒調味，立刻上桌。

卜派炒蛋佐鄉村火腿：

1杯（48克）嫩菠菜去梗炒軟，分攤在切半烤過，塗上奶油的兩片全麥英式滿福堡（p.161）上。頂端放上28克溫熱的鄉村火腿薄片和炒蛋。

黃金尤物：

按照青翠雪白炒蛋的步驟製作，但拿掉蔥綠。改放44克切成細條的蘇格蘭或愛爾蘭煙燻鮭魚和奶油乳酪丁，按照下方步驟烹調。

青翠雪白炒蛋：

在平底鍋中加熱澄清奶油。加入一根蔥的蔥綠碎末炒軟，約需30秒。放入蛋液，按照前述步驟炒到接近凝固但仍相當濕潤。加入44克切成約0.6公分到1.3公分的奶油乳酪。平底鍋離火，炒蛋與奶油乳酪翻拌在一起。（不要太早加入奶油乳酪是重點所在，否則乳酪會融化消失。）讓炒蛋繼續離火，靠煎鍋餘溫熟化炒蛋。以鹽和黑胡椒調味。視喜好與美式泡泡芙（p.166）一起上桌（見下頁圖）。

蓬鬆炒蛋
FLUFFY SCRAMBLED EGGS

1人份

在 蛋液中加入鮮奶油可以創造出更富空氣感的鬆軟炒蛋。為了突顯濃郁奶香，我用風味更加豐富的一般奶油取代澄清奶油。等到全部完成後再做最後調味。我在烹調過程中不會加鹽，以免破壞雞蛋鮮奶油混合物創造的質地。

- 2顆 大型蛋
- ¼杯（58克） 重乳脂鮮奶油
- 1小匙 無鹽奶油
- 細海鹽與現磨黑胡椒

1. 在中型碗內攪打蛋液直到出現豐富泡沫。加進鮮奶油持續攪至顏色變成接近白色的淡黃。

2. 以中火加熱中型不沾平底鍋，直到鍋面溫熱。降為小火，加入奶油，等到奶油融化並冒出泡泡後，倒進鮮奶油蛋液，煮到邊緣凝固。使用矽膠鍋鏟將蛋皮由邊緣往煎鍋中心翻拌，使蛋液呈絹絲狀。等到邊緣再度凝固，然後重複翻拌。反覆操作，直到雞蛋成為柔軟濕潤的凝乳狀（或視需要再炒久一點）。立刻移到溫熱的盤子上。切記，蛋就算離鍋仍會持續熟化並變得扎實。整個過程應該不超過2分鐘。

3. 以鹽和黑胡椒調味，立刻上桌。

炒蛋佐蒜香麵包丁：
在烹煮之前於鮮奶油蛋液中拌入⅓杯自製或購自烘焙坊的蒜香麵包丁（見p.216圖）。

完美歐姆蕾蛋捲
THE PERFECT OMELET

1人份

製作歐姆蕾蛋捲是一門藝術。每個人都期待吃到嫩滑如絲絨的鬆軟蛋捲，沒有突起、凹陷或皺褶，質地輕盈如雲朵，淡黃外層沒有任何高溫燒焦的棕褐斑點。如果第一次嘗試無法達到這個標準也別氣餒。我的技巧就是熟能生巧。不斷練習直到做出滿意成果，每一分努力都值得。不論端出的是原味歐姆蕾蛋捲或包餡蛋捲，都應該外觀圓膨，口感濕潤。

- 3顆 大型蛋
- 2小匙 澄清奶油（p.66）
- 細海鹽和現磨黑胡椒

1. 取一個中型碗，用浸入式攪拌棒攪打蛋，直到蛋白蛋黃完全融合。蛋液過篩到另一個碗中，去除粗條狀繫帶。

2. 在中型不沾平底鍋中以中大火加熱澄清奶油，直到油溫變高。加入蛋液，但是不要翻拌，直到鍋面中心出現泡泡。使用矽膠鍋鏟以畫圓圈方式快速攪拌蛋液10秒，然後降至中火。等到泡泡再度出現，再攪拌10秒。調整成中小火，繼續加熱，直到表面還有少許流動蛋液。使用鍋鏟推動蛋皮邊緣，使其離開鍋緣。

3. 稍微搖晃煎鍋使蛋皮離開鍋面，手腕輕輕向上抖動讓蛋皮翻面。加熱15秒。再度翻轉蛋皮，將一半蛋皮滑出鍋面，攤在溫熱的盤子上。蓋上另外一半蛋皮，輕柔修飾成半月形。以鹽和黑胡椒調味，立刻上桌。

格魯耶爾乾酪、堅果與蜂蜜歐姆蕾蛋捲：

在鍋面乾燥的小平底鍋內以中火烘烤2到3大匙松子或無鹽去殼葵花子，偶爾攪拌，直到烤出香味，約需3分鐘。倒在盤子上冷卻。在蛋液中加入半量堅果，依照上述步驟烹調。將一半蛋皮滑出鍋緣，攤在溫熱的盤子上。在這半張蛋皮表面撒上⅓杯（44克）格魯耶爾乾酪絲，蓋上另一半蛋皮，輕柔塑形成半月狀。以鹽和黑胡椒調味。淋上1小匙風味濃郁的蜂蜜（洋槐或栗子蜂蜜非常適合），撒上剩下的堅果。

甜蜜果醬與奶油乳酪歐姆蕾蛋捲：

按照p.213的指示製作歐姆蕾蛋捲，但不要撒上鹽和黑胡椒。將一半的蛋皮滑出鍋緣，攤在溫熱的盤子上。在這半張蛋皮表面塗抹2大匙無花果果醬（p.198，或店售），再撒上44克切成約1.3公分的奶油乳酪丁。覆上另一半蛋皮，輕柔塑形成半月狀。

切達乳酪與濃縮蘋果醬歐姆蕾蛋捲：

按照p.213的指示製作歐姆蕾蛋捲，但不要撒上鹽和黑胡椒。將一半的蛋皮滑出鍋緣，攤在溫熱的盤子上。在這半張蛋皮表面撒上⅓杯（44克）切達乳酪絲（sharp cheddar），塗抹2大匙濃縮蘋果顆粒醬（p.199，或店售Sarabeth's濃縮蘋果顆粒醬）。覆上另一半蛋皮，輕柔塑形成半月狀。

菠菜羊奶起司歐姆蕾蛋白捲：

以4個大型蛋的蛋白取代雞蛋。將28克新鮮羊奶起司塑形成約8公分長的圓柱，放旁備用。在平底鍋中加熱澄清奶油，放入⅓滿杯（28克）嫩菠菜炒。加入蛋白並按照p.213的指示烹調至完全凝固。將一半的蛋皮滑出鍋緣，攤在溫熱的盤子上。放上羊奶起司，覆上另一半蛋皮，輕柔塑形成半月狀。以鹽和黑胡椒調味（見右頁圖）。

紅醬歐姆蕾蛋捲
THE RED OMELET

4人份

這款澆上滿滿醬料的乳酪歐姆蕾蛋捲真是人間美味，使用的番茄醬也是極品。以少許奶油與橄欖油炒熟的四種蔥共譜不同凡響的風味。本食譜中的番茄醬用量足夠做四個歐姆蕾蛋捲。準備兩個不沾平底鍋，這樣就能有條不紊地快速做出多個歐姆蕾蛋捲，並且盡快送上桌。

紅醬汁

- 2大匙 澄清奶油（p.66）
- 1顆 中型紅甜椒（142克），去芯，去籽，切成約0.3公分寬的長條（參閱p.259的小叮嚀）
- 1顆 小型洋蔥（85克），切成細末
- 1根 青蔥，切成細末
- 1½大匙 紅蔥頭細末
- 1個 中型蒜瓣，切碎
- 1杯（240克）切丁番茄罐頭（含番茄泥）
- ⅓杯（75克）水
- 1大匙 特級初榨橄欖油
- 2小匙 切成細末的新鮮奧勒岡
- 1小匙 砂糖
- 細海鹽與現磨黑胡椒

- 12顆 大型蛋
- 8小匙 澄清奶油（p.66）
- 114克 Monterey Jack或9個月以上切達乳酪，刨絲（1杯）
- ½杯（121克）酸奶油
- 切碎新鮮細香蔥，裝飾用

THE RED OMELET

1. 製作紅醬汁：在中型不沾平底鍋中以中火加熱澄清奶油。放入甜椒與洋蔥，頻繁拌炒到軟，約需5分鐘。加入青蔥、紅蔥頭與大蒜，炒到紅蔥頭變軟，約需2分鐘。放進番茄、水、橄欖油、奧勒岡和糖，以鹽和黑胡椒調味。煮到微滾，調整為小火，繼續燉煮至稍微濃稠，約需15分鐘。放在小火上保溫。（醬汁可以在冷卻到室溫後覆蓋冷藏，最多可保存2天。使用前請重新加熱。）

2. 烤架放入烤箱中層，預熱至200℉／93℃。

3. 取一個中型碗，用浸入式攪拌棒或打蛋器攪打蛋，直到蛋白蛋黃完全融合。過篩蛋液到另一個碗內，去除粗條狀繫帶。

4. 在中型不沾平底鍋內以中大火加熱2小匙澄清奶油，直到油溫變熱。如果有兩個不沾平底鍋，可以一次製作兩個歐姆蕾蛋捲。倒入¾杯蛋液，但是不要翻拌，直到鍋面中心出現泡泡。使用矽膠鍋鏟以畫圓圈方式快速攪拌蛋液10秒，然後降至中火。等到泡泡再度出現，再攪拌10秒。調整成中小火，繼續加熱，直到表面還有少許流動蛋液。使用鍋鏟輕輕推動蛋皮邊緣，使其離開鍋緣。

5. 稍微搖晃煎鍋使蛋皮離開鍋面，手腕輕輕向上抖動讓蛋皮翻面。加熱15秒。再度翻轉蛋皮。將一半的蛋皮滑出鍋緣，攤在溫熱的盤子上。在這半邊蛋皮表面撒上¼杯乳酪，覆上另一半蛋皮，輕柔塑形成半月狀。以鹽和黑胡椒調味。做好的歐姆蕾蛋捲放入烤箱保溫，繼續以剩下的澄清奶油、蛋和乳酪做出三個歐姆蕾蛋捲。

6. 上桌前，在每個歐姆蕾蛋捲中央切出一條約5公分的狹縫，朝兩邊撥開形成一個口袋，舀入2大匙酸奶油。在歐姆蕾蛋捲頂端澆上紅醬汁。撒上細香蔥後立即上桌享用。

韭蔥、史貝克火腿、馬鈴薯農夫歐姆蕾蛋捲
FARMER'S OMELET WITH LEEKS, SPECK, AND POTATO

1人份

史貝克火腿是一種類似生火腿的義式醃肉，擁有可使蛋料理驚奇變身的煙燻鹹香，不只能讓蓬鬆的歐姆蕾蛋捲融入魅力無法擋的美妙肉味，還能提供酥脆口感。每咬一口都能吃到焦糖化的炒軟韭蔥、鬆軟金黃的馬鈴薯片以及香脆的燻製豬肉。三重味覺享受讓這款歐姆蕾蛋捲吃來飽足，但完全不沉重油膩。

* 1小匙 初榨特級橄欖油

* 3小匙 澄清奶油（p.66）

* 1根 小型韭蔥（114克），僅使用蔥白和淺綠色部分，清洗乾淨，切成細絲（¼杯）

* 現磨黑胡椒

* ½顆 小型Yukon Gold馬鈴薯，刷洗乾淨，縱切成半，切成超薄片狀（¼杯）

* 史貝克（speck）火腿，切成細丁（¼杯）

* 3顆 大型蛋

* 細海鹽

1. 在小型不沾平底鍋中以中大火加熱橄欖油和1小匙澄清奶油。放入韭蔥炒香，以黑胡椒調味，約需1分鐘。加入馬鈴薯，偶爾拌炒，直到快要煎軟，約需4分鐘。放進史貝克火腿，偶爾炒拌，直到略呈棕色，約需5分鐘。離火，放旁備用。

2. 取一個中型碗，用浸入式攪拌棒或打蛋器攪打蛋，直到蛋白蛋黃完全融合。過篩蛋液到另一個碗內，去除粗條狀繫帶。

3. 在中型不沾平底鍋中以中大火加熱2小匙澄清奶油，直到油溫變熱。加入蛋液，但是不要翻拌，直到鍋面中心出現泡泡。使用矽膠鍋鏟以畫圓圈方式快速攪拌蛋液10秒。降至中火，等待泡泡再度出現，再攪拌10秒。調整成中小火，繼續加熱，直到表面還有少許流動蛋液。使用鍋鏟輕輕推動蛋皮邊緣，使其離開鍋緣。

4. 稍微搖晃煎鍋使蛋皮離開鍋面，手腕輕輕向上抖動讓蛋皮翻面。加熱15秒。再度翻轉蛋皮。將一半的蛋皮滑出鍋緣，攤在溫熱的盤子上。在這半片蛋皮表面鋪上步驟1中炒好的馬鈴薯配料，覆上另一半蛋皮，輕柔塑形成半月狀。以鹽和黑胡椒調味，立刻上桌。

Chapter Nine

義式烘蛋與雞蛋麵包布丁

想為一大群人製作蛋料理，但又不想一直待在爐火前，烘蛋是最好的策略。雖然調理時間可能長於爐火烹煮，但總時間其實不長，而且可以放著讓它自行烤好。你要做的只有設定時間，上桌前再從烤箱拿出料理即可。這種策略也讓這些高飽足感的烘蛋類料理十分適合作為晚餐菜色。

烘蛋料理可以分成兩類：義式烘蛋和雞蛋麵包布丁。兩者都是在蛋液中加入餡料烘烤，只不過雞蛋麵包布丁還多了麵包。義式烘蛋的餡料會在烘烤過程中均勻分布於蛋液內，雖然不含麵包，但同樣可以吃好又吃飽。義式烘蛋的招牌外觀和介於歐姆蕾蛋捲與蛋奶凍之間的質地得自兩道烹飪步驟：先在爐火上煮到接近炒蛋，使蛋液定型並含入空氣，然後送進烤箱烘得蓬鬆酥嫩，還融化頂端鋪上的各種起司。雞蛋麵包布丁則須在烘烤前先讓麵包浸泡蛋奶液。雖然只浸泡一小時也可以，但是放入冰箱浸泡一夜可以創造出天壤之別的美味。麵包會在烘烤過程中吸飽絲滑柔順的蛋奶液，成就入口軟嫩的質感，同時融匯所有餡料的風味。

〔主要食材〕

◆ 半對半鮮奶油：製作雞蛋麵包布丁時要將蛋、牛奶與鮮奶油混合成浸泡麵包用的蛋奶液。我則使用半對半鮮奶油，減掉兩種材料成一種。如果還有剩餘的半對半鮮奶油，可以加熱佐熱咖啡享用。

〔工具箱〕

◆ 可進烤箱的不沾平底鍋：義式烘蛋必須先在爐火上烹調，然後送入烤箱。務必使用可以耐受烤箱高溫的不沾平底鍋，請參考製造商的操作規範說明。

◆ 烘焙器皿：製作雞蛋麵包布丁需要各種尺寸的烘焙器皿，例如單人份6盎司烤盅和3夸脫烤鍋。任何可進烤箱的玻璃或陶瓷器皿都適用，但我喜歡使用可以直接上桌的美麗容器製作這兩道料理。

瑪格麗特義式烘蛋，
番茄、莫札瑞拉起司、羅勒口味
MARGHERITA FRITTATA WITH
TOMATO, MOZZARELLA, AND BASIL 2人份

組合番茄、莫札瑞拉起司、羅勒這三種簡單的義式食材，就能變化出各種形式的神奇美味。這道加入蛋液做成的可口料理無論在早餐、午餐或晚餐都深受歡迎。務必使用最優質的莫札瑞拉起司。如果找得到煙燻口味也請一試，它能創造出更有深度的豐富風味。

4顆 大型蛋

2小匙 澄清奶油（p.66）

1顆 大型李子番茄（Plum tomato）、去芯去籽，切成約0.6公分小丁

猶太鹽和現磨黑胡椒

57克 新鮮莫札瑞拉起司，以煙燻者為佳，刨成粗絲

1大匙（滿匙） 新鮮羅勒葉，切成細絲

1. 烤架放在烤箱中層，預熱至350℉／177℃。

2. 取一個中型碗，用浸入式攪拌棒或打蛋器攪打蛋，直到蛋白蛋黃完全融合。使用細網目濾篩過篩蛋液到另一個碗內，去除粗條狀繫帶。

3. 在可進烤箱的8½英吋（約22公分）不沾平底鍋內以中火加熱澄清奶油。加入番茄並以鹽和胡椒調味，翻炒1分鐘。加入蛋液，煮到邊緣凝固。使用矽膠鍋鏟以畫圓圈方式攪拌2-3圈，混合已熟和未熟的部分。繼續煮到蛋液邊緣再度凝固，以鍋鏟鏟起蛋皮邊緣，傾斜平底鍋使未熟的蛋液流到蛋皮下方。加熱直到蛋皮邊緣再度固定，重複傾斜平底鍋的步驟。烘蛋表面必須閃耀光澤且尚未熟化。在上方撒上起司和羅勒細絲。

4. 送入烤箱，烘烤至起司融化且烘蛋稍微膨起，約需5分鐘。切成楔形，上桌享用。

羊奶起司和格魯耶爾乾酪
義式烘蛋，佐芝麻菜沙拉
GOAT CHEESE AND GRUYÈRE
FRITTATA WITH ARUGULA SALAD

6人份

兩種起司相互競豔正是這道料理的精采之處。生猛強勁的羊奶起司化為繞指柔情，濃郁的格魯耶爾乾酪融成一片暖意，不過兩者均仍保持原本特色。帶有胡椒氣息的芝麻菜將所有原料結合為一，一部分炒軟與奶香撲鼻的烘蛋融合，另一部分則做成清爽的沙拉邊菜為烘蛋消油解膩，讓這道料理成為營養完整的一餐。

- 12顆 大型蛋
- 2大匙 澄清奶油（p.66）或特級初榨橄欖油
- 1滿杯（28克） 芝麻菜
- 85克 格魯耶爾乾酪，刨成粗絲（⅔杯）
- 85克 新鮮羊奶起司，捏碎成小塊

沙拉

- 2滿杯（58克）芝麻菜
- 半顆 小型檸檬的汁
- ⅓杯（50克） 去殼生葵花子，烤過（p.53）
- 2大匙 特級初榨橄欖油
- 猶太鹽和現磨黑胡椒

1. 烤架放在烤箱中層，預熱至350℉／177℃。（可同時焙烤用於沙拉的葵花子。）

2. 取一個中型碗，用浸入式攪拌棒或打蛋器攪打蛋，直到蛋白蛋黃完全融合。使用細網目濾篩過篩蛋液到另一個碗內，去除粗條狀繫帶。

3. 在可進烤箱的10英吋（約25公分）不沾平底鍋內以中火加熱1大匙澄清奶油。加入芝麻菜翻炒1分鐘。放入剩下的1大匙澄清奶油和蛋液，立刻調降為中小火，煮到蛋液邊緣凝固。使用矽膠鍋鏟以畫圓圈方式攪拌2-3圈，混合已熟和未熟的部分。繼續加熱至蛋液邊緣再度凝固，以鍋鏟鏟起蛋皮邊緣，傾斜平底鍋使未熟蛋液流到蛋皮下方。加入格魯耶爾乾酪和羊奶起司，繼續煮到蛋皮邊緣再度固定，重複傾斜平底鍋的步驟。烘蛋表面必須閃耀光澤且尚未熟化，起司也應還未融化。

4. 送入烤箱，烘烤至起司融化且烘蛋稍微膨起，約需8分鐘。

5. 在烘蛋於烤箱烘烤期間準備沙拉：取一個大碗翻拌芝麻菜、檸檬汁和橄欖油。視口味以鹽和黑胡椒調味，再度翻拌。

6. 烘蛋切成楔形，鋪上芝麻菜沙拉。為每一盤撒上少許烤過的葵花子，上桌享用。

鮮蝦龍蒿烘蛋
SHRIMP AND TARRAGON FRITTATA

6人份

做 早餐時，甲殼類海鮮可能不是我們第一考慮的食材，但是用鮮蝦拉開一天的序幕是個不錯的主意。蛋與蝦搭配的滋味特別鮮美，而且感覺上格外奢華。如果想讓這道料理更加別致搶眼，我會用蛋糕模圈製作尺寸較高的烘蛋。先為半尺寸烤盤鋪上烘焙紙，放上直徑6英吋（約15公分）的蛋糕模圈，等到蛋液完成在平底鍋中直火烹煮的步驟後即可倒入模圈，輕壓形成平整層狀，送入烤箱烘焙。出爐後使用薄刃刀沿著模具邊緣轉動一圈以便取下模圈。這款優雅的烘蛋「塔」必定可在早午餐桌上驚豔四座。

- 10顆 大型蛋
- 2大匙 澄清奶油（p.66）
- 227克 特大蝦（每公斤16-20隻），剝殼去沙腸，切成約1.3公分小塊
- 猶太鹽和現磨黑胡椒

- 1個 中型蒜瓣，切成碎末
- 1小匙（滿匙） 新鮮龍蒿葉碎末＋裝飾用額外葉片
- 1小匙 新鮮檸檬汁

1. 烤架放在烤箱中層，預熱至350°F／177°C。

2. 取一個大型碗，以浸入式攪拌棒或打蛋器攪打蛋，直到蛋白蛋黃完全融合。使用細網目濾篩過篩蛋液到另一個碗內，去除粗條狀繫帶。

3. 在可進烤箱的12英吋（約30公分）不沾平底鍋內以中大火加熱1大匙澄清奶油，加入蝦肉，以鹽和黑胡椒調味，拌炒至蝦肉變得不透明，約需2分鐘。放入蒜頭碎末，拌炒至金黃，約需30秒。加入龍蒿和檸檬汁，再度拌炒。

4. 放入剩下的1大匙澄清奶油和蛋液，立刻調降為中小火。撒一撮鹽為蛋調味。煮到蛋液邊緣凝固。使用矽膠鍋鏟以畫圓圈方式攪拌2-3圈，混合已熟和未熟的部分。繼續加熱至蛋液邊緣再度凝固，以鍋鏟鏟起蛋皮邊緣，傾斜平底鍋使未熟蛋液流到蛋皮下方。繼續煮到蛋皮邊緣再度固定，重複傾斜平底鍋的步驟。烘蛋表面必須閃耀光澤且尚未熟化。

5. 送入烤箱，直到烘蛋稍微膨起，約需10分鐘。撒上龍蒿葉裝飾，切成楔形，上桌享用。

鮮蔬瑞可達起司烘蛋
VEGETABLE RICOTTA FRITTATA

4人份

成功的義式烘蛋總會讓我聯想到「蛋披薩」。我很愛單人份歐姆蕾蛋捲的完美蓬鬆，也喜歡烘蛋可供多人食用的優點。這款鮮蔬義式烘蛋美味無負擔，也可以佐伴炙烤義式香腸變成更加飽足的一餐。雖然瑞可達起司走較清淡路線，不是大家預想的香濃烘蛋乳酪，但是融化之後的柔滑奶香非常順口。

- 2大匙 無鹽奶油
- ¼杯 紅甜椒細末
- 2大匙 切碎紅蔥頭
- 1杯（232克）刨絲節瓜
- 猶太鹽和現磨黑胡椒

- 2小匙 新鮮奧勒岡葉，切成細末
- 6顆 大型蛋
- 2小匙 澄清奶油（p.66）
- 6大匙（85克）新鮮全脂瑞可達起司

1. 在中型平底鍋內以中火融化無鹽奶油。加入紅甜椒和紅蔥頭拌炒，稍微炒軟，約需1分鐘。加入節瓜，以鹽和黑胡椒調味炒軟，約需3分鐘。加入奧勒岡拌炒。放旁備用，冷卻至微溫。

2. 烤架放在烤箱中層，預熱至350℉／177℃。

3. 取一個大型碗，以浸入式攪拌棒或打蛋器攪打蛋，直到蛋白蛋黃完全融合。使用細網目濾篩過篩蛋液到另一個碗內，去除粗條狀繫帶。拌入步驟1中的蔬菜。

4. 在可進烤箱的10英吋（約25公分）不沾平底鍋內以中火加熱澄清奶油。加入蛋液，立刻調降為中小火，煮到蛋液邊緣凝固。使用矽膠鍋鏟以畫圓圈方式攪拌2-3圈，混合已熟和未熟的部分。繼續加熱至蛋液邊緣再度凝固，以鍋鏟鏟起蛋皮邊緣，傾斜平底鍋使未熟蛋液流到蛋皮下方。繼續煮到蛋皮邊緣再度固定，重複傾斜平底鍋的步驟。烘蛋表面必須閃耀光澤且尚未熟化。撒上瑞可達起司。

5. 送入烤箱，直到烘蛋稍微膨起，約需10分鐘。切成楔形，上桌享用。

單人可頌蔬菜雞蛋麵包布丁
INDIVIDUAL CROISSANT
VEGETABLE STRATAS

6人份

有時候，我們是先有盛菜的器皿，才想出適合的菜色。我在特賣會上看到一些令我愛不釋手的灰色迷你Staub砂鍋，不買實在對不起自己。買下六個後，我立刻知道我想用來製作這款雞蛋麵包布丁。半圓形的可頌切片之後正好能夠緊密貼合我的單人份小圓砂鍋。由於可頌的油脂豐富，我在上面疊放花椰菜和蘑菇等口味清爽又與奶油適配的蔬菜。

小叮嚀　製作雞蛋麵包布丁時必須先組合所有原料，放入冰箱冷藏過夜才能烘烤。

- 軟化無鹽奶油，塗抹器皿用
- 1大匙＋5小匙 澄清奶油（p.66）
- ½個 小型Vidalia洋蔥，切成超細絲
- 猶太鹽和現磨黑胡椒
- 1個 大型蒜瓣，切成碎末
- 227克 花椰菜，修掉不要的部分，花蕾切成約1.3公分
- 114克 褐色蘑菇，去梗，菇傘切成薄片

- 5顆 大型蛋
- 2杯（456克） 半對半鮮奶油
- ⅛小匙 現磨荳蔻
- 3個 高品質可頌，切成24片約1.3公分麵包片
- 114克 格魯耶爾乾酪，刨成粗絲（將近1杯）
- 1大匙 平葉荷蘭芹的葉片，切成細末

1. 在6個8盎司砂鍋內部塗上大量奶油。放在半尺寸烤盤上。

2. 取一個12英吋（約30公分）平底鍋，以中小火加熱1大匙澄清奶油。加入洋蔥，以鹽和黑胡椒調味，偶爾翻炒，直到炒軟，約需5分鐘。加入大蒜，拌炒至金黃，約需30秒。倒入大碗備用。

INDIVIDUAL CROISSANT VEGETABLE STRATAS

3. 拭淨平底鍋，以中火加熱4小匙澄清奶油。放入花椰菜，以鹽和黑胡椒調味，偶爾翻炒，直到略呈棕色，約需10分鐘。倒入裝洋蔥的碗內。

4. 拭淨平底鍋，以中火加熱剩下的1小匙澄清奶油。放入蘑菇，以鹽和黑胡椒調味，偶爾翻炒，直到略呈棕色，約需5分鐘。倒入裝有其他炒蔬菜的碗中。

5. 另取一個大碗放入雞蛋、半對半鮮奶油、荳蔻、一撮鹽和一撮胡椒，以浸入式攪拌棒或打蛋器攪打至完全融合。

6. 在每個砂鍋中平鋪兩片可頌，使其緊密貼合底部。取半份炒蔬菜、格魯耶爾乾酪和平葉荷蘭芹，等量分配給每個砂鍋，均勻鋪放。倒入半量鮮奶油蛋液。再度鋪放剩下的可頌片、炒蔬菜、格魯耶爾乾酪與平葉荷蘭芹，然後倒入另一半鮮奶油蛋液。以保鮮膜緊密覆蓋雞蛋麵包布丁，送入冰箱冷藏一夜。

7. 準備烘烤前先將雞蛋麵包布丁置於室溫1小時，然後揭開保鮮膜。烤架放入以325℉／163℃預熱的烤箱中層。

8. 如果使用砂鍋，請蓋上鍋蓋。如果使用烤盅，請在表面包上鋁箔烘焙紙（或先蓋上一張烘焙紙，再包上鋁箔紙）。送入烤箱烘烤15分鐘，揭開鍋蓋或覆蓋物，再烤約15分鐘，直到表面金黃且雞蛋麵包布丁熟透。可以熱食或溫食。

雙乳酪雞蛋麵包布丁，
佐球花甘藍和香腸
TWO-CHEESE STRATA WITH BROCCOLI RABE AND SAUSAGE

12人份

這 道墮落美食擁有千層麵般的層次，每叉起一口送入嘴裡都能吃到所有食材的滋味。微喻略苦的球花甘藍猶如一道清流，充分化解煎香腸的厚重、熔融Fontina起司的油膩和Pecorino Romano乳酪的鹹口。因為製作雞蛋麵包布丁必須先組合所有食材，讓柔軟的白麵包浸泡在蛋奶液中一夜，所以烘烤時能夠融匯各種風味。

小叮嚀　製作雞蛋麵包布丁時必須先組合所有食材，放入冰箱冷藏過夜才能烘烤。

- 軟化無鹽奶油，塗抹烘焙器皿用
- 2大匙 特級初榨橄欖油
- 340克 球花甘藍，修掉不要部分，切成約1.3公分小段
- 猶太鹽和現磨黑胡椒
- ½小匙 新鮮檸檬汁
- 225克 甜味義式香腸，切成約1.3公分小塊
- 10顆 大型雞蛋
- 4杯（912克） 半對半鮮奶油
- 1條（454克） 高品質土司麵包或其他柔軟白麵包，切片，以放上一天者為佳，去掉外皮
- 170克 Fontina起司，刨成粗絲（1⅓杯）
- 2大匙 刨成細絲的Pecorino Romano乳酪

1. 在13×9×2英吋（約33×23×5公分）的玻璃或陶瓷烤皿內部塗上大量奶油。

2. 在中型平底鍋內以中火加熱1大匙橄欖油。加入球花甘藍，以鹽和黑胡椒調味，偶爾拌炒，直到炒成鮮綠色且柔軟不失清脆，約需5分鐘。拌入檸檬汁，倒入一個中型碗備用。

3. 拭淨平底鍋，以中火加熱剩下的1大匙橄欖油。放入香腸，偶爾翻炒，直到均勻煎成棕色且熟透，約需8分鐘。離火備用。

4. 取一個大碗放入蛋、半對半鮮奶油、一撮鹽和一撮胡椒，以浸入式攪拌棒或打蛋器攪打至完全融合。

5. 取半量麵包片，平鋪在已塗奶油的烤皿底部，彼此緊密貼合。視需要切除麵包使其能夠放入烤皿。取半份球花甘藍、香腸和Fontina起司均勻鋪在麵包上，倒入半量鮮奶油蛋液。重複鋪放剩下的麵包片、球花甘藍、香腸、Fontina起司和蛋液。在表面均勻撒上Pecorino Romano乳酪。以保鮮膜緊密覆蓋雞蛋麵包布丁，送入冰箱冷藏一夜。

6. 烘烤前先將雞蛋麵包布丁置於室溫1小時，然後揭開保鮮膜。烤架放入預熱到350℉／177℃的烤箱中層。

7. 烤到表面呈棕色且雞蛋麵包布丁熟透，約需1小時。切成正方塊狀，可熱食或溫食。

Chapter Ten

鹹派與鹹味酥皮點心

我愛乳製品，任何含有重乳脂的食物、奶油的香味、各種形式的乳酪都令我心醉神迷。我最喜歡鹹派的一點是它結合了烘焙和乳酪這兩個世界的精華。享用美味鹹派時，會吃到比例均衡的鮮奶油和乳酪以及輕盈酥皮。對我來說，鹹派就是那種入口就有升天幸福感的料理。我認為出爐後一小時是最佳賞味時刻，既不冰涼也不燙口。微熱的溫度最能發揮極致風味。

　　我通常使用兩種派皮製作鹹味酥皮點心。一種是瀰漫奶油香氣的柔軟麵團，適合搭配各式各樣的繽紛內餡，另一種則包含帕瑪森起司、黑胡椒和蠔餅（佐食牡蠣湯的小圓蘇打鹹餅乾）。麵團有了酥脆的質地和突出的鹹味。填入其中的餡料也要風味溫和不致搶過派皮風采，但又足夠鮮明能與派皮分庭抗禮。兩種派皮都可用直立式攪拌機輕鬆製作，但要用上兩份派皮的原料量才能正確混拌。這不是什麼大問題，畢竟備有兩份派皮在招待大批賓客時非常方便。如果用不到那麼多，剩餘的麵團冷凍起來也很好用。我在本章列出許多誘人的餡料選項，你一定會想全部嘗試，親手做出這些由雞蛋、乳酪與蔬菜組合而成的創意料理與療癒美味。

〔工具箱〕

◆ 派模與塔模：製作派料理時，請使用9英吋（約23公分）玻璃烤模（非深烤模），好觀察派皮底部什麼時候烤得金黃酥脆。塔模則必須具備活動式底盤，邊緣約3公分高。深色表面有助整個塔派烤得均勻酥脆，並可防止底部變得濕軟糊爛，這樣塔派脫模後仍可保持扎實。不規則形狀的塔派可直接放在鋪了烘焙紙的半尺寸烤盤上烘烤。

製作完美塔派皮的祕訣

1. 不要過度攪拌麵團，否則塔派皮會變硬。在奶油糊料中加入麵粉後，只要攪拌到原料融合且結為一體即可停手。

2. 圓片狀麵團送入冷藏可使奶油凝固並讓筋度鬆弛。冷藏兩小時最佳，因為此時麵團已經冰透但仍然足夠柔軟，可以輕鬆擀開。如果麵團冰得太久，擀開時會

出現裂痕。在這種情況下，請將麵團置於室溫20到30分鐘，讓麵團稍微軟化並降低溫度。（如果仍會裂開，你還是可以把分裂處拼補回來。）

3. 製塔派皮前先將圓片狀麵團放在工作檯面，拍打圓片的邊緣，然後用擀麵棍輕輕敲打圓片表面，使其稍微軟化。這些步驟有助避免裂痕，並可更輕鬆擀開。

4. 要擀出完美的圓形，請從中心向遠離自己的方向擀開，然後旋轉麵團90度，再度擀麵。反覆進行旋轉與擀麵的動作，視需要撒上麵粉避免沾黏，直到麵團成為直徑9英吋（約23公分）的圓形。之後不用再旋轉麵皮，繼續擀成你想要的厚度和尺寸。

5. 把麵皮不偏不倚地鋪上烤盤，最簡單的方式是將麵皮捲在擀麵棍上，放在烤盤表面攤開。輕輕將麵皮拉到烤盤邊緣。製作派料理時，用鋒利的小刀或廚房剪刀修整多餘的麵皮，使其超出烤盤約1.3-2.5公分。多出的部分摺入烤盤，讓麵皮邊緣與烤盤齊平。可視個人喜好沿著烤盤邊緣捏出裝飾皺褶。使用塔模的話，務必將麵皮壓入溝槽並讓麵皮超出塔模邊緣。拿著擀麵棍從塔模上方滾過，切除多餘麵皮。

6. 如果必須盲烤塔派皮，請用叉子在麵皮上均勻戳出小孔。務必記得也為邊緣戳洞。

7. 塔皮和派皮都要冷凍到非常扎實，在送入烤箱之前至少須冷凍15分鐘。這個步驟有助塔派皮維持形狀並避免內縮。

8. 烘烤前先將派模或塔模放到半尺寸烤盤上，方便送入與取出烤箱。此舉也可幫助塔派皮底部烤得酥脆。

9. 放在烤箱低層才能烤出金黃酥脆的塔派皮。

10. 如果只要讓塔派皮烤到半熟，請在冰涼的塔派皮表面鋪上烘焙紙，超出烤盤邊緣至少2.5公分。放入重石或乾豆子，放在半尺寸烤盤上烘烤10分鐘。小心連著重石一起拿起烘焙紙，再把塔派皮送回烤箱，烤到表面金黃乾燥，約需5分鐘。

經典鹹麵團
CLASSIC SAVORY DOUGH

2個9英吋
（約23公分）鹹派，或8個
一口酥／酥餃的份量

油酥麵皮可烤出無人能敵的奶油香氣和酥脆口感。派皮麵團和油酥麵團具有明顯的差異。製作美式派皮麵團時，烘焙師會將冰涼奶油切成小塊與麵粉捏合。在這道食譜中，我想做出兼具酥脆和柔軟的麵團，所以我先攪打奶油使其含入空氣，然後添加牛奶這種你在大多數酥皮麵團中不會看到的食材。這讓我能做出容錯度高且易於操作的酥皮。少量的糖則可讓塔派皮保持鬆軟。按照這種方式做出的麵團足夠扎實，可以承載各種餡料，就算單吃也同樣可口美味（所以記得保留並烘烤剩下的零碎麵皮）。

1¼杯（284克）冰涼無鹽奶油，切成約1.3公分方塊

5大匙（70克）全脂牛奶

2¼杯＋2大匙（346克）無漂白中筋麵粉

2小匙 細砂糖

¼小匙 細海鹽

1. 重載型直立式攪拌機裝上攪拌槳，在攪拌缸中以高速攪拌奶油直到柔滑，約需1分鐘。讓機器持續運作，緩慢少量倒入牛奶，偶爾停下機器，用矽膠刮刀刮淨邊壁。此時奶油糊料應該如同奶油霜一般蓬鬆柔滑，表面光亮。

2. 取一個中型碗，混合麵粉、糖和鹽。攪拌機降至低速，倒入上述麵粉混合物，攪拌至麵糊在槳葉上形成一團，而且攪拌缸壁乾淨無沾黏。

3. 取下麵團，移到撒上薄麵粉的工作檯面。揉製麵團數次直到光滑有彈性。分成兩半，塑形成2個6英吋（約15公分）的圓片。在工作檯面上沿著圓片邊緣輕輕拍打（如此可拍實麵團，使邊緣在擀開時不會裂開）。不要過度操作麵團。

4. 以保鮮膜包覆圓片狀麵團，冷藏至冰涼，約需2小時。麵團也可冷藏過夜，但會變得非常堅硬，擀開前必須置於室溫約30分鐘。以保鮮膜包起的麵團可放在冷凍庫專用塑膠袋中冷凍，最長可保存3週。擀製前請先移到冷藏區解凍1夜。

黑胡椒帕瑪森鹹麵團
BLACK PEPPER AND
PARMESAN SAVORY DOUGH

2個9英吋
（約23公分）
鹹派的份量

為了強化經典鹹麵團的風味，我在其中添加酥脆鹹香的蠔餅，同時融入強烈的帕瑪森乳酪。這款麵團本身就已滋味豐富，做為點心單吃也沒問題，但是填入乳香濃郁的內餡更會令人驚豔。

小叮嚀　在食物調理機內放入蠔餅打碎，即可做出蠔餅酥屑。

14大匙（198克）冰涼無鹽奶油，
切成約1.3公分方塊

½杯（112克）全脂牛奶

1½杯（213克）無漂白中筋麵粉

1杯（118克）蠔餅酥屑

1大匙 細砂糖

2大匙 刨成細絲的帕瑪森乳酪

¼小匙 現磨黑胡椒

1. 重載型直立式攪拌機裝上攪拌槳，在攪拌缸中以高速攪拌奶油直到柔滑，約需1分鐘。讓機器持續運作，緩慢少量倒入牛奶，偶爾停下機器，用矽膠刮刀刮淨邊壁。此時奶油糊料應該如同奶油霜一般蓬鬆柔滑，表面光亮。

2. 取一個中型碗，混合麵粉、蠔餅酥屑、糖、帕瑪森乳酪和黑胡椒。攪拌機降至低速，倒入上述麵粉混合物，攪拌至麵糊在槳葉上形成一團，而且攪拌缸壁乾淨無沾黏。

3. 取下麵團，移到撒上薄麵粉的工作檯面。揉製麵團數次直到光滑有彈性。分成兩半，塑形成2個6英吋（約15公分）的圓片。在工作檯面上沿著圓片邊緣輕輕拍打（如此可拍實麵團，使邊緣在擀開時不會裂開）。不要過度操作麵團。

4. 以保鮮膜包覆圓片狀麵團，冷藏至冰涼，約需2小時。麵團也可冷藏過夜，但會變得非常堅硬，擀開前必須置於室溫約30分鐘。以保鮮膜包起的麵團可放在冷凍庫專用塑膠袋中冷凍，最長可保存3週。擀製前請先移到冷藏區解凍1夜。

義式傳統番茄塔
HEIRLOOM TOMATO CROSTATA

這款不規則形酥塔是我從早餐披薩汲取靈感的改造版本，使用五顏六色、多汁熟透的傳統番茄，放在羅勒風味的瑞可達起司底料上烘烤。要做出滋味絕佳的義式塔，請在農夫市集選購鮮採成熟番茄。烤過的松子可為嫩滑香濃的乳酪內餡帶來酥脆有趣的對比口感。

- 227克 傳統番茄，以混合黃色、橘色及紅色者為佳，切成約1.3公分厚片
- 猶太鹽
- 1杯（227克）新鮮全脂瑞可達起司
- 1顆 大型蛋，打成蛋液
- 1小匙 新鮮羅勒細末＋裝飾用羅勒葉細絲
- 現磨黑胡椒
- 無漂白中筋麵粉，擀麵團用

- 1個（半份）經典鹹麵團圓片（p.242）
- 85克 Monterey Jack乳酪，刨成粗絲（⅔杯）
- 1大匙 刨成細絲的帕瑪森乳酪
- 2大匙 松子
- 特級初榨橄欖油，淋灑用
- Maldon粗海鹽，撒在表面用

1. 烤架置於烤箱中層，預熱至375℉／190℃。半尺寸烤盤鋪上烘焙紙。

2. 在兩倍厚的廚房紙巾上平鋪一層番茄片，撒上猶太鹽讓番茄片出水。在此期間準備其他材料，偶爾為番茄片翻面。

3. 取一個中型碗，攪打瑞可達起司、蛋、羅勒、一撮鹽與一撮黑胡椒，直到混合均勻。

4. 工作檯面撒上一層薄薄麵粉。解開包覆麵團的保鮮膜，放在工作檯面上沿著麵團邊緣敲打。在麵團表面撒上麵粉，擀成14英吋（約36公分）的圓形麵皮，移到半尺寸烤盤上。用叉子在麵皮上戳出均勻小孔。

5. 在麵皮中央鋪上瑞可達起司，邊緣留出5公分不要鋪放。在起司層上撒上Monterey Jack乳酪。拍乾番茄片的水分，在乳酪上平鋪一層。先後撒上帕瑪森乳酪和松子。留出的5公分麵皮向內摺，蓋在餡料上方。

6. 烘烤20分鐘。烤箱降至350℉／177℃，再烤約25分鐘，直到餡料凝固且麵皮熟透。移到網架上放涼到微溫，或降至室溫。

7. 在義式塔淋上橄欖油並撒上羅勒細絲、馬爾頓粗鹽和黑胡椒。切成楔形，上桌享用。

普羅旺斯鹹派
PROVENÇAL QUICHE

6到8人份

就像許多廚師，我不可自拔地愛上普羅旺斯風味。番茄、橄欖、羅勒、茴香和羊奶起司是我最喜愛的幾樣烹飪食材，簡直就是天生的鹹派餡料。這款鹹塔會讓你想要來上一杯清爽的粉紅葡萄酒（如果不能來趟蔚藍海岸之旅的話）。

- 無漂白中筋麵粉，擀麵團用
- 1個（半份）黑胡椒帕瑪森鹹麵團（p.243）
- 3大匙 現磨帕瑪森乳酪
- 1大匙 特級初榨橄欖油
- 1杯（290克）切成極薄片的茴香
- ¼杯（87克）切成極薄片的紅蔥頭
- 1個 小型蒜瓣，切碎
- 1¼杯（290克）重乳脂鮮奶油
- 1大匙 番茄糊
- 2顆 大型蛋
- ¼小匙 細海鹽
- ⅛小匙 現磨黑胡椒
- 1½大匙 無漂白中筋麵粉
- 85克 新鮮羊奶起司，如Montrachet，捏碎
- 1顆 熟李子番茄，去籽，切成約1.3公分小丁
- 2大匙 去籽Kalamata橄欖，切成粗末
- 1大匙 切碎新鮮羅勒

1. 烤架置於烤箱下層，預熱至400℉／204℃。

2. 在撒上薄粉的工作檯面上將麵團擀成約0.3公分厚的圓片。按照p.240的指示，將麵皮鋪在9英吋（約23公分）的玻璃派皿或具有活動式底盤的塔模上。用叉子在麵皮上均勻戳出小孔。冷凍15分鐘。

3. 在麵皮表面鋪上一張13英吋（約33公分）的圓形烘焙紙，放入重石或乾豆子。放在半尺寸烤盤上烘烤10分鐘。小心連著重石一起拿起烘焙紙。派皮繼續烤到剛開始上色，約需5分鐘。取出烤箱，撒上2大匙帕瑪森乳酪。派皮連同派模移到網架上完全冷卻。調低烤箱溫度至350℉／177℃。

4. 同時間，在中型平底鍋內以中火加熱橄欖油。放入茴香，偶爾拌炒直到稍微炒軟，約需4分鐘。加入紅蔥頭和大蒜，紅蔥頭散成圈狀，一起拌炒到軟，放旁備用。

5. 在1公升液體量杯或中型碗內放入番茄糊，緩緩拌入鮮奶油。加進蛋、鹽和黑胡椒。篩入麵粉攪打均勻。

6. 在派皮內鋪放茴香炒料。撒上羊奶起司、番茄丁、橄欖和羅勒。緩緩倒入鮮奶油混合物使其均勻分布。撒上剩下的1大匙帕瑪森乳酪。

7. 鹹派連著模具放在烤盤上送回烤箱，烤到餡料膨脹且變成金棕色，約需30到35分鐘。

8. 鹹派放涼10分鐘。如果使用塔模，請取下邊模。溫熱上桌或室溫享用。

芝麻菜韭蔥香菇鹹派
ARUGULA, LEEK, AND SHIITAKE MUSHROOM QUICHE

6到8人份

韭蔥的甜味、芝麻菜的胡椒嗆味與格魯耶爾乾酪的堅果香氣在鹹派餡料中水乳交融。香菇是帶來最大驚喜的食材。它的厚實肉感和泥土芬芳造就這款與眾不同但仍能嘗到溫暖熟悉風味的鹹派。

- 無漂白中筋麵粉，擀麵團用
- 1個（半份） 經典鹹麵團圓片（p.242）
- 4大匙（114克） 無鹽奶油
- 170克 香菇，去梗，菇傘切成約0.6公分厚片（2杯）
- 1根（114克） 小型韭蔥，僅使用蔥白與淺綠色部分，充分洗淨，切成薄片（¼杯）
- 6杯（174克） 芝麻菜，粗略切碎

- 1¼杯（290克） 重乳脂鮮奶油
- 2顆 大型蛋的蛋黃
- ¼小匙 細海鹽
- ⅛小匙 現磨黑胡椒
- 1撮 現磨荳蔻
- 1½小匙 無漂白中筋麵粉
- 114克 格魯耶爾乾酪，刨成粗絲（將近1杯）
- 2大匙 現磨帕瑪森乳酪

1. 烤架置於烤箱下層，預熱至400℉／204℃。

2. 在撒上薄麵粉的工作檯面上將麵團擀成約0.3公分厚的圓片。按照p.240的指示把麵皮鋪在9英吋（約23公分）的玻璃派皿或具有活動式底盤的塔模上。用叉子在麵皮上均勻戳出小孔。冷凍15分鐘。

3. 在麵皮表面鋪上一張13英吋（約33公分）的圓形烘焙紙，放入重石或乾豆子。移到半尺寸烤盤上烘烤10分鐘。小心連著重石一起拿起烘焙紙。派皮繼續烤到剛開始上色，約需5分鐘。連同烤模一起取出烤箱，讓派皮在網架上完全放涼。調低烤箱溫度至350℉／177℃。

4. 同時間，在大平底鍋內以中大火加熱3大匙奶油。放入香菇炒到出水，約需4分鐘。加入韭蔥一起拌炒約4分鐘，直到香菇煮軟。倒入一個大碗，放旁備用。

5. 取一個小平底鍋，以中火加熱剩下的1大匙奶油。放入芝麻菜頻繁拌炒，直到完全炒蔫，約需2分鐘。倒入香菇炒料。

6. 在1公升液體量杯或中型碗內攪打鮮奶油、蛋黃、鹽、黑胡椒和荳蔻。篩入麵粉繼續攪拌至柔滑均勻。派皮內鋪放半量格魯耶爾乾酪和半量香菇炒料。撒上剩餘的格魯耶爾乾酪。緩緩倒入半量鮮奶油混合物，使其均勻分布。加進剩下的香菇炒料，倒入剩下的鮮奶油混合物。撒上帕瑪森乳酪。

7. 鹹派放在烤盤上送回烤箱。烤到表面膨脹且變得金黃焦香，搖晃烤盤時內餡成固狀（只有中心會微微晃動），約需30分鐘。

8. 鹹派放涼10分鐘。如果使用塔模，請取下邊模。溫熱上桌或室溫享用。

菠菜格魯耶爾乾酪鹹派
SPINACH-GRUYÈRE QUICHE

6到8人份

为了突顯黑胡椒帕瑪森乳酪派皮的獨特風味，我讓餡料保持單純，採用經典的蔬菜和格魯耶爾乾酪組合。不過，單純絕對不等於單調。每咬一口都能享受妙趣紛呈的乳酪滋味與豐富的多層次口感。融入格魯耶爾乾酪的柔滑蛋奶餡先在舌尖化開，酥脆美妙的帕瑪森派皮隨後在齒間迸裂。

- 無漂白中筋麵粉，擀麵團用
- 1個（半份）黑胡椒帕瑪森鹹麵團（p.243）
- 1大匙 特級初榨橄欖油
- 1個 中型蒜瓣，切碎
- 170克 菠菜，去除粗梗，徹底清洗
- 細海鹽和現磨黑胡椒
- 2顆 大型蛋
- 1¼杯（290克）重乳脂鮮奶油
- ⅛小匙 現磨荳蔻
- 1½大匙 無漂白中筋麵粉
- 114克 格魯耶爾乾酪，刨成粗絲（將近1杯）
- 3大匙 刨成細絲的帕瑪森乳酪

1. 烤架置於烤箱下層，預熱至375℉／190℃。

2. 在撒上薄麵粉的工作檯面上將麵團擀成約0.3公分厚的圓片。按照p.240的指示，把麵皮鋪在9英吋（約23公分）的玻璃派皿或具有活動式底盤的塔模上。用叉子在麵皮上均勻戳出小孔。冷凍15分鐘。

Spinach-Gruyère Quiche

3. 在麵皮表面鋪上一張13英吋（約33公分）的圓形烘焙紙，放入重石或乾豆子。移到半尺寸烤盤上烘烤15分鐘。小心連著重石一起拿起烘焙紙。派皮繼續烤到剛開始上色，約需5分鐘。從烤箱連著模具取出派皮，放在網架上完全放涼。調低烤箱溫度至350℉／177℃。

4. 同時間，在大平底鍋內以中火加熱橄欖油。放入大蒜拌炒至金黃，約需30秒。加入菠菜，以鹽和黑胡椒調味，拌炒直到軟薾，約需2分鐘。倒在砧板上稍微放涼，然後切碎。

5. 在1公升液體量杯或中型碗內攪打蛋、鮮奶油、荳蔻、一小撮鹽和一小撮黑胡椒。篩入麵粉，繼續攪拌至柔滑均勻。

6. 在派皮內鋪放⅓的格魯耶爾乾酪、半量菠菜炒料和1大匙帕瑪森乳酪。鋪上另外⅓的格魯耶爾乾酪、剩下的菠菜炒料和1大匙帕瑪森乳酪和剩下的格魯耶爾乾酪。緩緩倒入鮮奶油混合物，使其均勻分布。最後撒上剩下的1大匙帕瑪森乳酪。

7. 鹹派放在烤盤上送回烤箱，烤到餡料膨脹且變得金黃焦香，約需30到35分鐘。

8. 鹹派放涼10分鐘。如果使用塔模，請取下邊模。溫熱上桌或室溫享用。

菲達起司與菠菜一口酥
FETA CHEESE AND
SPINACH HAND PIES

8個單人份一口酥

這 個版本的希臘菠菜餅使用柔軟但扎實的鹹味派皮取代傳統的薄脆妃樂酥皮，方便在隨性的聚會中用手拿取這些小酥派食用。當然你也可以提供刀叉。綜合三種乳酪的內餡加入新鮮菠菜，怎麼吃都是滿口鮮美。

- ⅓杯（87克）瑞可達起司
- 85克 菲達起司，大致捏碎（½杯）
- 1大匙 刨成細絲的帕瑪森乳酪
- 1小匙 切碎的新鮮蒔蘿
- ⅛小匙 現磨荳蔻
- 2顆 大型蛋

- 1大匙 特級初榨橄欖油
- 1大匙 切成薄片的洋蔥
- 114克 嫩菠菜
- 猶太鹽和現磨黑胡椒
- 無漂白中筋麵粉，擀麵團用
- 2個（1份）經典鹹麵團圓片（p.242）

1. 烤架置於烤箱下層，預熱至350℉／177℃。半尺寸烤盤鋪上烘焙紙。

2. 取一個大碗，放入瑞可達起司、菲達起司、帕瑪森乳酪、蒔蘿、荳蔻和一顆蛋攪打均勻。放旁備用。

3. 在大平底鍋內以中小火加熱橄欖油。放入洋蔥不斷翻炒到透明，約需1分鐘。加入菠菜，以鹽調味，拌炒直到軟蔫，約需2分鐘。倒在砧板上稍微放涼，然後切碎。完全冷卻後加到步驟2的乳酪糊料中，依口味加入黑胡椒調味。冷藏備用。

4. 在撒上薄麵粉的工作檯面上將麵團擀成約0.3公分厚的圓片，一次擀一個。使用4¾英吋（約12公分）的圓形餅乾切模，從每個圓片切出4個小圓。（或使用12公分的盤子做為模型，沿著盤子以鋒利小刀切出圓形。）如果無法從麵皮中總共切出8個小圓，請收集殘餘的麵皮，捏成一團後重新擀開，切出更多圓片。圓片移到鋪了烘焙紙的烤盤上，用叉子在麵皮表面均勻戳滿小孔。冷藏約15分鐘直到變硬。

5. 取一個小碗，打散剩下的蛋。在每個小圓派皮中央放上尖尖1大匙餡料。留出邊緣約1.9公分的派皮。在留出的邊緣刷上蛋液，對折派皮，包住餡料，形成一個半月型。重複相同步驟，用完剩下的小圓派皮和餡料。以叉子齒尖沿著小酥派邊緣按壓，封緊接縫處。表面刷上蛋液，用叉子在每個酥派表面又三下。

6. 送入烤箱烘烤至金黃焦香，約需25分鐘。取出後留在烤盤上稍微放涼，溫熱享用。

火腿乳酪酥餃
HAM AND CHEESE TURNOVERS

8個酥餃

雖然我喜歡火腿乳酪三明治，但我不認為它們適合做為早午餐菜色。但是把同樣的餡料放入酥皮內，我就願意欣然在早晨享用。這款酥餃中的乳酪會與奶香濃郁的派皮相互融合。為了消油解膩，我在火腿和乳酪之間夾入酸香爽口的醃黃瓜。

- 無漂白中筋麵粉，擀麵團用
- 2個（1份） 經典鹹麵團圓片（p.242）
- 8片（114克）6-9個月陳化切達乳酪，切成10公分方形
- 8片（170克） 高品質火腿
- 4片 美式酸黃瓜（p.200），瀝乾汁液
- 1顆 大型蛋的蛋白，打散

1. 烤架置於烤箱下層，預熱至350℉／177℃。半尺寸烤盤鋪上烘焙紙。

2. 麵團圓片放到撒上薄麵粉的工作檯面上，擀成邊長約30公分的方形。使用銳利刀子或披薩輪刀裁掉邊緣，切成邊長約25公分的方形。再把方形麵皮切成4片約12.7公分的方形。用叉子在麵皮表面均勻戳滿小孔。移到已鋪烘焙紙的烤盤上。取另一個圓片，重複上述步驟。放上烤盤時，如有需要，方形麵皮之間可稍微重疊。冷藏直到變硬，約需15分鐘。

3. 在方形派皮中央放上1片乳酪，每邊留出約1.3公分。在乳酪上疊放一片火腿（可以折疊火腿以符合乳酪片大小），然後鋪上3片美式醃黃瓜，彼此稍微重疊。用蛋白塗刷邊緣，對折方形派皮，包起餡料，做成一個長方形酥餃。用叉子齒尖沿著派皮邊緣按壓，封緊接縫處。表面刷上蛋白，用叉子在每個酥餃表面叉三下。

4. 酥餃送入烤箱烘烤至金黃焦香，約需25分鐘。連同烤盤取出，移到網架上放涼，可熱食或溫食。

Chapter Eleven

馬鈴薯、肉類和海鮮

使用馬鈴薯、肉類和海鮮做出的鹹食配菜象徵悠閒的晨間饗宴。這些餐點不是忙碌週間快手組合各種食材的早餐，而是在不必匆忙出門的週末細細烹調的佳餚。只要搭配幾道這類菜色，蛋料理和麵包立刻升級為早午餐。（事實上，本章的每一道料理也都非常適合作為午餐或晚餐菜色。）有些料理必須花時間準備，有些則可以提前做好，即使一早就要宴客仍可輕鬆愜意。

〔主要食材〕

◆ 馬鈴薯：務必使用有機產品並購買正確品種。水煮時適合使用紅皮馬鈴薯、拇指馬鈴薯和黃金馬鈴薯，這些品種屬於蠟質型，烹調之後依舊可以保持緊實。褐皮（Russet）、愛達荷（Idaho）、長島（Long Island）、波本（Burbank）等馬鈴薯擁有較高澱粉質，烘烤或油炸後可以產生鬆軟口感，肉質相對乾爽。澱粉也有助馬鈴薯餅定型，並讓馬鈴薯泥鬆軟可口。

◆ 肉類和海鮮：由於這幾道料理並不需要大量蛋白質，因此請使用最優質的產品。盡可能把錢花在永續培育的食材上。

三色甜椒拇指馬鈴薯
THREE-PEPPER FINGERLING POTATOES

6-8人份

自從Sarabeth's餐廳開幕以來,這道美味的三色甜椒馬鈴薯就是早午餐菜單上的明星菜色。無人不愛。不論我們事前做好多少人份,最後還是要趕工加做直到早午餐時段結束。簡單美好正是它深受歡迎的主因。

小叮嚀	準備甜椒時,我會切除頭尾,因為那裡是甜椒較厚較粗的部分。我寧可稍微浪費(或是把切掉的部分當點心吃),也不要擔心甜椒條的煮熟時間不一。切除頭尾後,在甜椒的側邊切出一道開口,把甜椒攤開成一長條,去掉籽囊後即可輕鬆切成想要的形狀。

- 猶太鹽
- 1.4公斤 小型拇指馬鈴薯,刷洗乾淨,縱切成半
- 6大匙(85克) 澄清奶油(p.66)
- 1顆 中型洋蔥(156克),縱切兩半,切成半月形薄片
- 3顆 中型甜椒(454克),紅、橙、黃各一,去芯去籽,切成0.6公分寬的長條(參閱小叮嚀)
- 現磨黑胡椒

1. 以大火煮沸一大鍋加入少許鹽的水。放進馬鈴薯,再次煮到沸騰,直到馬鈴薯接近煮軟,約需10分鐘。倒入濾鍋瀝乾水分,放在冷水下沖洗。放旁備用。(馬鈴薯冷卻後,覆蓋冷藏最多可保存1天。)

2. 取一個大平底鍋,以中火加熱3大匙澄清奶油。放入洋蔥和甜椒,偶爾拌炒,直到洋蔥變成金黃,約需8分鐘。移到一個大淺盤中,放旁備用。

3. 在同一個平底鍋內,以中火加熱剩下3大匙澄清奶油。放入馬鈴薯並以鹽和黑胡椒調味。偶爾以鍋鏟翻動,直到馬鈴薯微呈棕色,約需8分鐘。

4. 在馬鈴薯中輕輕拌入炒過的洋蔥與甜椒,直到整體熱度均勻。趁熱上桌。

匈牙利千層馬鈴薯焗蛋
RAKOTT KRUMPLI HUNGARIAN POTATO AND EGG CASSEROLE

6-8人份

這款令人身心皆暖的烤盅料理混合馬鈴薯、全熟白煮蛋和香濃奶醬，是匈牙利的國菜之一。在當地通常作為晚餐時的無肉主食。佐伴烤香腸和生菜沙拉也非常適合早餐或早午餐場合。

小叮嚀　　務必選擇大小相近的馬鈴薯，以使熟度均勻。

- 4顆 烘烤用馬鈴薯（1.4公斤），如褐皮、愛達荷、長島、波本等品種，刷洗乾淨，斜切成半

- 猶太鹽

- 1大匙 室溫無鹽奶油

- 12顆 大型全熟白煮蛋（p.207），切成約0.8公分厚的片狀

- 現磨黑胡椒

- 3杯（762克）酸奶油

- 匈牙利甜紅椒粉，撒用

1. 取一個大鍋放入馬鈴薯，注入足以蓋過並高出馬鈴薯5公分的冷水，以大火煮沸。在水中加入少量鹽，繼續加熱至馬鈴薯接近煮軟，約需35分鐘。馬鈴薯倒入濾鍋瀝乾水分，放在流動的冷水下沖洗，使其降溫至不燙手。削皮並切成約1.3公分厚的圓片。

2. 烤架置於烤箱中層，預熱至350℉／177℃。在13×9×2英吋（約33×23×5公分）的玻璃或陶瓷烤皿內部塗抹大量奶油。

3. 在烤皿中均勻鋪上半量馬鈴薯片，彼此之間緊密無縫隙，視需要切掉邊緣以便符合器皿形狀。接著均勻鋪放一層白煮蛋，撒上大量鹽和黑胡椒調味。放入半量酸奶油，以曲柄抹刀均勻抹平。撒上甜紅椒粉。繼續鋪放剩下的馬鈴薯和白煮蛋，加入更多鹽和黑胡椒，倒入剩下的酸奶油，撒上甜紅椒粉。用鋁箔紙覆蓋烤皿。

4. 送入烤箱，烤到刀子插入烤皿5秒後拔出來時刀刃熱燙，約需45分鐘。輕輕攪拌所有食材，讓醬汁均勻分布。撒上甜紅椒粉和胡椒，趁熱上桌。

馬鈴薯煎餅
POTATO CAKE

4到6人份

這道金黃酥脆的馬鈴薯餅來自瑞士，當地人稱為rösti。美國人應該覺得它就是大型馬鈴薯煎餅，表面和邊緣金黃酥脆，內部的馬鈴薯絲鬆軟綿密。最後撒鹽的步驟帶來另外一層清脆口感。馬鈴薯餅在煮到一半時必須翻面，只要一點自信加上一個平盤或蓋子就能輕鬆完成。如果盤子的邊緣高起，煎餅就不容易翻面。

小叮嚀　　務必選擇大小相近的馬鈴薯以使熟度均勻。最好用冰涼的馬鈴薯製作這道料理，所以盡量在前一夜先用水煮熟馬鈴薯並冷藏。

3顆 中型烘烤用馬鈴薯（454克），如褐皮、愛達荷、長島、波本等品種，刷洗乾淨

猶太鹽和現磨黑胡椒

3大匙 澄清奶油（p.66）

1. 在上菜前至少4小時進行馬鈴薯的準備作業。取一個大鍋放入馬鈴薯，注入足以蓋過並高出馬鈴薯5公分的冷水，以大火煮沸。加入少許鹽，繼續煮到馬鈴薯接近煮軟，約需20分鐘。這時候的馬鈴薯最好還是半生不熟。倒入濾鍋瀝乾水分，放在流動的冷水下沖洗至冷卻。冷藏到非常冰涼，至少需要3個半小時，隔夜更佳。

2. 馬鈴薯削皮，以粗孔四面剉籤器刨絲。放入大碗，以鹽和黑胡椒調味。

3. 在8英吋（約20公分）不沾平底鍋內以中大火加熱1½大匙澄清奶油，直到油溫極熱但尚未冒煙。放入馬鈴薯。使用鍋鏟將馬鈴薯鋪成均勻平坦的一層，壓成一塊扎實的圓餅。降至中火，煎到馬鈴薯邊緣酥脆，約需5分鐘。

4. 拿一個平盤或平底鍋的蓋子，緊密蓋在平底鍋上。同時翻轉盤子與平底鍋，讓煎餅落在盤上。在仍然非常高溫的平底鍋中加入剩下的1½大匙澄清奶油。放回馬鈴薯餅，再度將結實的煎餅向下壓，把邊緣往內壓攏，使煎餅成為完美的圓形。煎到底部金黃，約需5分鐘。

5. 馬鈴薯餅滑到要上桌的盤子上，撒鹽調味。切成楔形，趁熱享用。

香烤培根
BAKED BACON

4到6人份

幾乎所有人都愛香脆的培根，但如果是在爐火上煎，不論怎麼做都會油液飛濺，亂成一團。所以送入烤箱是烹調培根最明智的方法，尤其是要為一大群人上菜的時候。如果一個半尺寸烤盤不夠平鋪所有培根，就用兩個烤盤和兩個烤架，烤到一半時再上下調換烤盤。

454克 培根片

1. 烤架置於烤香上層，預熱至375℉／190℃。半尺寸烤盤鋪上烘焙紙。
2. 在烤盤上並列排放培根，送入烤箱烘烤，不必翻面，直到烤成想要的熟度，約需15到20分鐘。
3. 培根移到紙巾上瀝乾油分片刻，趁熱上桌。

楓糖培根：
烤到逼出培根脂肪的油，但還不到酥脆的程度，約需15分鐘。小心瀝除烤盤內的所有油脂，讓培根仍然平鋪成一層。刷上¼杯（73克）純楓糖漿。送回烤箱，烤到培根焦糖化且變得酥脆，約需5到10分鐘。移到網架或烘焙紙上瀝乾油分，上桌享用。

培根捲：
薄切培根片最適合製作這道料理，因為它們容易彼此沾附。取一根長竹籤以螺旋狀纏繞培根片。培根捲應該長約15公分。在鋪好烘焙紙的半尺寸烤盤上排好竹籤，蓋上烘焙紙，壓上另一個半尺寸烤盤，底面向下。以325℉／163℃烘烤約20分鐘，直到酥脆。移除壓在上方的烤盤與烘焙紙，小心從竹籤取下培根捲，移到廚房紙巾上。瀝乾油分片刻，趁熱上桌。

香草腸肉餅早餐小漢堡
HERBED-SAUSAGE
BREAKFAST SLIDERS

8個小漢堡；4到8人份

這 款微帶香草風味的豬肉餅與我的沃特米爾比斯吉是天生絕配。自己製作香腸肉餡可以控制調味輕重。大部分的超市豬絞肉都很瘦，加入少許重乳脂鮮奶油有助肉餅更加美味多汁。

特殊器具　如果想做出完美的圓形，請在直徑5公分的圓形模圈中放入64克的肉餡，用手指往下戳壓，這樣可使肉餡不會壓得太過緊實，然後取下模圈。

- 454克 豬絞肉
- 2大匙 紅蔥頭細末
- 2大匙 重乳脂鮮奶油
- 2小匙 新鮮平葉荷蘭芹細末
- 1小匙 新鮮百里香細末
- ½小匙 新鮮迷迭香細末
- ½小匙 新鮮鼠尾草細末

- ½小匙 猶太鹽
- ⅛小匙 現磨黑胡椒
- 1大匙 特級初榨橄欖油
- ½杯（133克）蜜李果醬（p.192）
- 8個 沃特米爾比斯吉（p.134），縱切成兩半
- ½杯（10克）生菜嫩葉
- 24片 美式酸黃瓜（p.200）

1. 在中型碗內混合豬肉、紅蔥頭、鮮奶油、荷蘭芹、百里香、迷迭香、鼠尾草、鹽和黑胡椒。用手攪揉至充分融合。肉餡塑形成8個5公分肉餅。

2. 取一個大平底鍋，以中火加熱橄欖油。放入肉餅煎煮，翻面一次，直到煎成棕色且整體熟透，約需12分鐘。

3. 在下層比斯吉塗上李子醬，鋪上生菜、香腸肉餅和酸黃瓜。蓋上上層比斯吉，趁熱上桌。

蘋果香腸鬆
APPLE-SAUSAGE CRUMBLE

6到8人份

我必須老實說，這不是一道外觀誘人的料理，烤出來棕棕焦焦，疙疙瘩瘩的，但是風味絕佳。好吃永遠最重要。義大利香腸煎得焦黃酥脆，拌進洋溢香料辛香的甜酸奶油蘋果醬中裹覆蘋果汁液。單吃就已無比美味，配上蛋更是令人滿足。你可以將它們塞進歐姆蕾蛋捲做為內餡、混進義式烘蛋或是澆淋在炒蛋上。

1大匙 澄清奶油（p.66）

454克 甜味義式香腸，切成約1.3公分厚的片狀

2大匙 無鹽奶油

2顆 Granny Smith青蘋果（340克），削皮，去芯，切成約1.3公分小塊（3杯）

1撮 肉桂粉

1撮 現磨荳蔻

猶太鹽和現磨黑胡椒，視需要添加

1. 取一個大平底鍋，以中大火加熱澄清奶油至油溫變熱。放入香腸，偶爾拌炒，直到熟透且稍呈棕色，約需5分鐘。移到盤子上備用。瀝出並丟棄鍋內的油脂。

2. 在平底鍋內加入無鹽奶油，以中火融化。放入蘋果，偶爾翻拌，直到將近煮軟，約需5分鐘。

3. 拌入步驟1中的香腸，以肉桂粉和荳蔻調味。視需要加入鹽和黑胡椒調味。趁熱享用。

柳橙楓糖蜜汁烤火腿
GRILLED HAM WITH ORANGE-MAPLE GLAZE

4到6人份

如果你是無法想像吃蛋不配火腿的人，這道簡單的料理會讓你驚喜不已。我在這道食譜中使用火腿厚片，你可在超市的肉品區找到包裝好的產品。新鮮柳橙汁混楓糖漿的單純醃料可稀釋火腿的多餘鹽分，同時燒出令人吮指回味的晶亮蜜汁。

1塊454克 熟火腿，以帶骨者為佳

⅔杯（149克） 鮮榨柳橙汁

2大匙 純楓糖漿

現磨黑胡椒

植物油，塗抹烤盤用

1. 在流動冷水下沖洗火腿，以廚房紙巾拍乾。取一個玻璃或陶瓷淺器皿，混合柳橙汁和楓糖漿，以黑胡椒調味。放入火腿片沾裹醃料。蓋上保鮮膜送入冰箱，偶爾翻動火腿，至少冷藏1小時，最多一夜。

2. 炙烤架放在距離熱源15公分的地方，預熱炙烤爐。炙烤爐烤盤鋪上鋁箔紙，烤架抹上一層薄油。

3. 從醃料中取出火腿，放在架上炙烤，翻面一次，直到兩面都烤出晶亮的蜜汁，約需6到8分鐘。火腿切片，趁熱上桌。

烤雞茴香肉餅
ROASTED CHICKEN AND FENNEL PATTIES

16個肉餅；8到10人份

我在這道食譜中結合鹹醃牛肉馬鈴薯餅和香腸肉餅的概念，做出少油少鹹但美味不減的版本。烤雞的深邃風味完全不遜於鹽醃肉品，吃起來卻更加清爽無負擔，適合佐伴什錦青蔬和各種香草。做成小巧肉餅的馬鈴薯碎肉顯得優雅精緻，擁有濕潤多汁的口感和豐富鮮美的滋味，搭配煎蛋或炒蛋（p.212或213）尤其可口。與新鮮現烤的沃特米爾比斯吉（p.134）和沙拉一起上桌，就是一頓精美的早午餐。

小叮嚀　如果你手邊沒有吃剩的烤雞，也可以從烤雞店購買。務必購買僅使用基本調味的高品質烤雞。烤雞和馬鈴薯要切成非常小塊，否則肉餅無法結合成形。你可能會想使用食物調理機，但這樣做出的口感不佳，請用鋒利的重主廚刀。冰涼的馬鈴薯可以切出最完美的小丁，所以盡可能在前一夜煮好馬鈴薯並冷藏過夜。

- 4顆 拇指馬鈴薯（298克），刷洗乾淨
- 猶太鹽
- 8大匙（110克）特級初榨橄欖油
- ½杯（87克）茴香極細碎末
- ¼杯（33克）芹菜心細末（先用蔬果削皮刀去除粗澀纖維再切碎）
- 2大匙 紅蔥頭細末
- 227克 烤雞肉，切成0.6公分小塊（1½杯）

- 2大匙 新鮮平葉荷蘭芹細末
- ⅓杯（77克）美乃滋
- ¼杯（58克）重乳脂鮮奶油
- 1顆 大型蛋，打成蛋液
- 1¼杯（113克）乾麵包屑
- 現磨黑胡椒

1. 取一個中型鍋放入馬鈴薯，注入足以蓋過並高出馬鈴薯5公分的冷水，以大火煮沸。加入少許鹽，煮到馬鈴薯變軟，可以用刀子刺穿，約需20分鐘。倒入濾鍋瀝乾水分，放在流動冷水下沖洗至不燙手。如果時間充裕，請放入密封容器，送進冰箱冷藏到冰涼，或放過夜。

2. 馬鈴薯削皮，切成0.6公分小丁。

3. 在大平底鍋中以中火加熱2大匙橄欖油。放入茴香、芹菜和紅蔥頭。加鹽調味，偶爾拌炒，直到煮軟，約需5分鐘。倒入大碗，稍微放涼，然後加入馬鈴薯、雞肉、荷蘭芹、美乃滋、鮮奶油、蛋、¼杯麵包屑、¼小匙鹽和⅛小匙黑胡椒。輕柔翻拌直到充分混合。

4. 混合料塑形成16個5公分的肉餅。在一個淺器皿中鋪上剩下的1杯麵包屑，放入肉餅，輕輕按壓，使表面和底部都裹上麵包屑。

5. 在大平底鍋中以中火加熱3大匙橄欖油。放入半數肉餅，期間翻面一次，煎到兩面金黃，約需8到10分鐘。視需要調整火力以免麵包屑燒焦。立刻上桌，或是在你煎第二批時，將做好的第一批放在鋪了烘焙紙的烤盤上，送入200℉／93℃的烤箱保溫。在鍋中加入剩下的3大匙橄欖油，依照上述步驟煎完其餘的肉餅。趁熱享用。

雙鮭抹醬
DOUBLE SALMON RILLETTES

8人份

當我在多年後再度製作這道料理時，腦中只有一個想法：哇！我已經忘記這種抹醬有多麼美味迷人。新鮮鮭魚以葡萄酒低溫嫩煮，與煙燻鮭魚一起攪拌成泥，最後擠上檸檬汁增添清爽明亮的氣息。我喜歡將這款滋味高雅的美食伴佐烤三角土司或Knekkebrød脆餅（p.57）一起上桌。

- 2大匙 澄清奶油（p.66）
- ¼杯（35克）紅蔥頭細末
- 2片（142克）無骨去皮鮭魚片
- ¼杯（56克）不甜白酒
- 114克 燻鮭魚，切成細丁

- 8大匙（114克）室溫無鹽奶油，切成8塊
- 2大匙 特級初榨橄欖油
- 2大匙 鮮榨萊姆汁
- 猶太鹽和現磨黑胡椒

1. 在中型平底鍋中以中小火加熱澄清奶油。放入紅蔥頭頻繁拌炒，直到炒軟，約需2分鐘。加入鮭魚片和白酒。蓋上鍋蓋，煮到鮭魚徹底變成不透明，約需10分鐘。

2. 使用有孔鍋鏟將鮭魚移入一個大碗。以大火煮滾鍋中的煮汁，直到濃縮成3大匙份量，約需1分鐘。淋在鮭魚上，放到全涼。

3. 用叉子把鮭魚肉撥成約2公分的小塊。拌入煙燻鮭魚。取⅔的鮭魚混合物和奶油一起放入食物調理機。用「Pulse」（高速瞬轉）模式間歇攪打至奶油與原料融合。加入橄欖油和檸檬汁，再度以高速瞬轉模式間歇攪打，直到完全融合。成品仍應保留些許顆粒感。倒入碗內，與剩下的鮭魚輕輕拌勻。以鹽和黑胡椒調味。

4. 抹醬盛裝在要上桌的碗內，以保鮮膜緊密覆蓋，冷藏至完全冰涼，至少需2小時，最多1夜。冰涼食用。

三香草冷醃鮭魚
THREE-HERB GRAVLAX

12到16人份

冷醃是一種魔法般的轉化過程，能讓生鮭魚變為絲緞般嫩滑的鹹香粉紅錦帶。準備作業非常簡單。原則上需要的就是時間（不怎麼需要在旁照看）、一片高品質鮭魚、粗鹽、糖和大量新鮮香草。我會加入足量的薄荷、羅勒和蒔蘿泥，讓醃魚變成鮮豔的翠綠色。最傳統的吃法是像本食譜所述，醃鮭魚放在黑麵包薄片上，佐甜芥末醬食用。但你也可以嘗試搭配貝果和奶油乳酪或炒蛋（p.213）。

小叮嚀　　鮭魚片通常有細刺，得在烹調前清理乾淨。專業廚師都有一把專門用來夾刺的鑷子。如果你沒有鑷子可以進行這項作業，使用銳利的小刀幫你固定骨頭，用刀邊（非刀鋒）和拇指充當魚刺鑷子夾除魚刺。

- 1杯（44克）粗略切碎的新鮮薄荷＋幾枝小莖做為裝飾
- 1杯（45克）粗略切碎的新鮮羅勒＋幾枝小莖做為裝飾
- 1杯（50克）粗略切碎的新鮮蒔蘿＋幾枝小莖做為裝飾
- 2杯（283克）猶太鹽
- 2杯（400克）砂糖
- 1片（1.4公斤）帶皮鮭魚片，去骨，洗淨，拍乾
- 2大匙 整粒黑胡椒
- 2大匙 茴香籽

芥末醬

- 1杯（240克）迪戎芥末醬＋¼杯（73克）純楓糖漿

- 黑麵包薄片，佐食用
- 酸豆，瀝乾沖洗，佐食用
- 可食用花朵，裝飾用

1. 在食物調理機中加入薄荷、羅勒、蒔蘿、1杯鹽和1杯糖，攪打至香草完全變成泥狀。混合物應該呈現漂亮的綠色，質地類似碎冰沙。倒入一個大碗，拌入剩下的1杯鹽和1杯糖。攪拌均勻。

2. 你需要2個半尺寸烤盤，一個用來放置鮭魚，一個覆蓋在鮭魚上方。其中一個烤盤鋪上烘焙紙，鋪上厚厚一層香草鹽糖混合物，面積稍微大於鮭魚尺寸。放上鮭魚，皮朝下，撒上黑胡椒粒和茴香籽。用剩下的香草鹽糖混合物緊密包覆整個魚片，完全蓋住鮭魚。用保鮮膜完整覆蓋魚片。

THREE-HERB GRAVLAX

3. 另一個半尺寸烤盤底面向下放在鮭魚表面。拿幾個重罐頭壓在烤盤上。送入冰箱冷藏24到36小時。冷醃的時間長短會造成不同成果：短時間醃製會讓冷醃鮭魚微帶香草芬芳，質地接近壽司生魚片。長時間醃製則會散發較濃郁的香草氣息，並得到較乾燥的質地，類似煙燻鮭魚。

4. 在食用當天準備芥末醬：取一個小碗，攪拌芥末醬和楓糖漿。覆蓋冷藏至少1小時才能食用。

5. 解開冷醃鮭魚的保鮮膜，從鹽醃料上拿起。在流動的冷水下輕輕沖洗，洗掉香料和鹽醃料，瀝乾水分，用廚房紙巾拍乾。冷醃鮭魚應該用保鮮膜緊密包起，冷藏最多可保存2天。

6. 上桌前，拿一把細長尖銳的刀子，以小角度緊貼魚皮斜刀切下纖薄的魚肉。魚片以美觀的方式排列在托盤上，裝飾新鮮香草。保持冰涼，與芥末醬、麵包、洋蔥和酸豆一起上桌享用。

酥脆蟹肉餅佐塔塔醬
CRUNCHY CRAB CAKES WITH TARTAR SAUCE

6個蟹肉餅

蟹肉餅嘗起來應該要像蟹肉而不是填料。所以我只在這款飽滿的蟹肉餅中加入一點麵包粉做為黏合劑，加上少許精心挑選的蔬菜和調味品。蟹肉餅的享用方式五花八門，很難選出最愛：單獨配上塔塔醬和檸檬塊、放在淋了檸檬油醋醬的生菜沙拉上、搭著歐姆蕾蛋捲一起吃，或是夾在柔軟的布里歐修麵包卷中，塗上大量塔塔醬。我特別鍾愛搭配彩蔬千絲沙拉佐白脫奶淋醬（p.289）一起品嘗。放手去玩，找出你自己喜歡的吃法吧。

小叮嚀

Old Bay seasoning是市售的香草與香料混合海鮮調味粉，非常適合蟹肉，可以在大部分超市或食品專賣店購得。

特殊器具

如果想做出完美的圓形，使用直徑2½英吋（約6公分）的冰淇淋勺，舀起一份蟹肉料放進3英吋（約8公分）的圓形模圈，按壓緊實，然後拿掉模圈。

塔塔醬

- 1杯（231克）美乃滋
- 2大匙 醃黃瓜碎末
- 2小匙 酸豆，瀝乾沖洗
- 2小匙 新鮮平葉荷蘭芹細末

佐料

- 切碎的醃黃瓜
- 酸豆，瀝乾沖洗
- 芽菜

- 2½大匙 美乃滋
- 1大匙 重乳脂鮮奶油
- 2小匙 迪戎芥末籽醬
- ¼小匙Old Bay seasoning海鮮調味粉（參閱小叮嚀）
- 227克 蟹肉塊，檢查是否有殼和軟骨
- 1½大匙 芹菜心小丁（用蔬果削皮刀去除粗澀纖維後再切）
- 2小匙 紅蔥頭碎末
- 1小匙 新鮮薄荷細末
- 1小匙 平葉荷蘭芹細末
- 1杯＋1大匙（57克）麵包粉
- 猶太鹽和現磨黑胡椒
- ¼杯（39克）細硬小麥粉
- 2大匙 澄清奶油（p.66）

CRUNCHY CRAB CAKES
WITH TARTAR SAUCE

1. 製作塔塔醬：在中型碗內混合美乃滋、醃黃瓜、酸豆和荷蘭芹。覆蓋冷藏至少1小時讓味道融合，最多2天。

2. 同時間，製作蟹肉餅：取一個大碗，攪拌美乃滋、鮮奶油、芥末醬和Old Bay seasoning。加入蟹肉、芹菜、紅蔥頭、薄荷和荷蘭芹。撒上1大匙麵包粉，輕輕翻拌直到混合均勻。依個人口味以鹽和黑胡椒調味。

3. 輕柔地拿蟹肉料做出6塊肉餅，每塊約為直徑8公分，厚2.5公分。在一個淺器皿內混合硬小麥粉和剩下的1杯麵包粉。放入蟹肉餅黏附一層麵包粉形成外殼。抖掉多餘粉料，移到盤中。覆蓋冷藏直到變得扎實，約需1小時。

4. 烹調蟹肉餅：在大型不沾平底鍋內以中火加熱1大匙澄清奶油。放入3塊蟹肉餅，翻面一次，直到兩面都煎得金黃焦香，約6到8分鐘。放在廚房紙巾上瀝乾油分。在鍋中加入剩下的1匙澄清奶油，繼續煎好另外3塊蟹肉餅。

5. 趁熱上桌，佐醃黃瓜、酸豆和芽菜食用。塔塔醬放在旁邊沾食。

Chapter Twelve

湯品和沙拉

從開始構思這本書，我就一直猶豫要不要放入湯品和沙拉食譜。它們聽起來不像標準的早餐食物，但在早午餐很受歡迎。湯品可以讓一頓輕食更加豐富，沙拉則可平衡豐盛大餐的油膩。

最後說服我納入這個章節的卻是一群我素未謀面的人。許多忠實顧客寫信問我為什麼不在新書中發表我的番茄濃湯食譜。我不能讓他們失望。而且我不得不同意他們：本餐廳的奶油番茄濃湯是家庭必備菜色，這裡列出的其他湯品也一樣。它們可以大份量上桌做為主食，但我在早晨喜歡只送上一小碗。

沙拉也差不多是同樣的情形。小份量放在一旁可以做為大餐的一部分，但份量充足的一大盤則可做為早午餐輕食的主食。湯品和沙拉都需要新鮮的農產。請只使用當季蔬菜，最好是有機產品且來自當地農場。當然，所有這些料理在一天中的任何時段享受都是賞心美味。

早安西班牙冷湯
GOOD MORNING GAZPACHO

10杯

這道西班牙國民湯是夏日的清涼聖品。為了將這道經典改造成適合早午餐食用的冷湯，我加入血腥瑪麗調味醬。辣根的辛嗆和伍斯特醬的深奧鹹味襯托出夏季蔬菜的清脆美味。我喜歡非常非常濃的冷湯。如果你喜歡更湯水的質地，只要加入更多番茄汁即可。

- 4顆 熟牛番茄（333克），去芯去籽，切半後再切成約0.6公分小丁（2杯）

- 1根 大型黃瓜（191克），去皮，縱切成半，去籽，切成約0.6公分小丁（1杯）

- 1顆 中型青椒（142克），去芯去籽去囊，切成約0.6公分小丁（⅔杯）

- 1顆 中型紅甜椒（142克），去芯去籽去囊，切成約0.6公分小丁（⅔杯）

- 一根 中型芹菜心梗（71克），以蔬果削皮刀去除粗澀纖維，梗切成約0.6公分小丁（½杯）

- ½顆 中型Vidalia洋蔥（78克），切成碎末（½杯）

- 6杯（1.4公斤）瓶裝番茄汁

- 2大匙 新鮮檸檬汁

- 1大匙 伍斯特醬

- 2大匙 雪莉酒醋或一般巴薩米克醋

- 2大匙 現刨辣根絲或市售辣根絲，去掉汁液

- 2小匙 猶太鹽，可視口味調整

- ¼小匙 現磨黑胡椒，可視口味調整

- 10滴 Tabasco辣椒醬，可視口味調整

- 檸檬片，裝飾用

- 3大匙 粗略切碎的新鮮香菜

1. 取一個大碗，攪打番茄、黃瓜、青紅甜椒、芹菜、洋蔥、番茄汁、檸檬汁、伍斯特醬、醋、辣根、鹽、黑胡椒和Tabasco辣椒醬。視需要調整鹹淡。冷湯放入保存容器，用保鮮膜緊密覆蓋，冷藏至完全冰涼，至少2小時，最多8小時。

2. 上菜時將冷湯舀到盛裝的玻璃器皿，可以是烈酒杯或平底玻璃高杯（見p.283圖中）。在檸檬片的一邊切出一道缺口，沾裹香菜屑後夾在玻璃杯杯緣作為裝飾。立刻上桌，視需要提供長湯匙。

冷羅宋湯
CHILLED BORSCHT

10杯

羅 宋湯是傳統的俄羅斯甜菜根湯，通常以牛肉熬煮，熱騰騰享用。在美國，羅宋湯就是罐頭湯的同義詞，裡面只有淡而無味的甜菜根。我喜歡將它們做成冷食，並且加入大量甜菜根，幾乎需要叉子才能喝這道湯。為了突顯甜菜根的天然甜味，並使酸甜兩味陰陽調和，我加入蘋果和石榴汁一起燉煮。雖然沒有使用牛肉，但我加入雞湯增加湯體的豐厚感，並以酸奶油增添胰滑度。做出來的湯品既清爽又飽足，在一年中的任何時節享用都是極品美味。

1½大匙 特級初榨橄欖油

1顆 中型Vidalia洋蔥（156克），縱切成半，再切成半圓形薄片（1杯）

2根 中型芹菜心梗 （142克），用蔬果削皮刀去除粗纖維，切成薄片（1杯）

680克 紅甜菜根

4杯（896克） 自製雞湯或店內販售的低鈉雞高湯

2杯（448克） 水

1杯（224克） 無糖蘋果汁

1杯（224克） 微甜石榴汁

2大匙 蘋果酒醋

1½大匙（滿匙） 淺紅糖

1小匙 猶太鹽

⅛小匙 現磨黑胡椒

1大匙 雪莉酒醋或一般巴薩米克醋

1大匙 新鮮檸檬汁

1杯（242克） 酸奶油＋佐食用的份量

小根新鮮蒔蘿，裝飾用

1. 在大鍋中以中小火加熱橄欖油。加入洋蔥和芹菜，偶爾拌炒，直到炒軟，約需10分鐘。

2. 同時間，甜菜根削皮並切成大塊。使用裝上粗切絲刀盤的食物調理機或四面刨籤器，將甜菜刨成粗絲。

3. 在鍋中加入甜菜、雞湯、水、蘋果汁、石榴汁、蘋果酒醋、紅糖、鹽和黑胡椒。以大火煮到沸騰，然後降至中小火，燉煮到甜菜根變軟，約需30分鐘。

4. 羅宋湯離火，加入巴薩米克醋和檸檬汁攪拌。完全放涼後覆蓋冷藏至冰涼，至少需4小時，最多1夜。

5. 從鍋中舀出2杯湯汁（不含甜菜根塊）放入液體量杯中。在中型碗內放入酸奶油，分批倒入2杯湯汁攪拌至非常均勻；如果酸奶油混合物中有任何粒塊，以細網目濾篩濾除。最後將酸奶油混合物倒回鍋中的羅宋湯內，攪拌均勻。

6. 羅宋湯分裝到冰涼的烈酒杯、其他玻璃杯或碗內（上圖左），放上一坨酸奶油，以蒔蘿裝飾。

奶油番茄濃湯
VELVETY CREAM OF TOMATO SOUP

15杯

這道我最愛的鹹湯如此美味，許多顧客光臨本餐廳就只為了喝上一碗。自從數十年前我第一次將它放上菜單，它就是本餐廳的吸客料理。如同許多偉大的發明，目前的版本是幾個美麗意外的結晶。我創作這道菜色時請一位年輕廚師去買洋蔥。他帶回來的卻是紅蔥頭，因為他不知道兩者的差別。我發現加進紅蔥頭讓成品更加美味。幾年後的某一天，廚房裡有人撞在一起，導致本來要加在歐姆蕾蛋捲餡料中的乳酪掉到湯中。服務生喝了一口後對我說：「莎拉，妳一定要嘗嘗看。」我啜了一口，就此無法自拔。

小叮嚀　務必購買裝在番茄泥**而非番茄汁**裡的罐裝番茄。我喜歡把蒔蘿撕成小段而不是切碎。**湯在燉煮期間不要加鹽，因為鹽會讓湯結塊**。如果發生結塊情形，混合½杯全脂牛奶和½杯重乳脂鮮奶油，一邊加入湯中一邊用力攪拌。

- 6大匙（85克）無鹽奶油
- ½顆 中型Vidalia洋蔥（78克），切碎（½杯）
- 2顆 中型紅蔥頭（114克）切碎（½杯）
- 4根青蔥的蔥綠，切成細蔥花（½杯）
- 3個 中型蒜瓣，切碎
- 2罐（793克）番茄泥罐頭的番茄丁

- 4杯（896克）全脂牛奶，視需要
- 4杯（928克）重乳脂鮮奶油
- ⅓杯（47克）無漂白中筋麵粉
- 細海鹽和現磨黑胡椒
- 約⅓杯（17克）新鮮蒔蘿葉，撕成小段（參閱小叮嚀）
- 114克 白切達乳酪，刨絲（1杯）

1. 在大平底鍋以中小火融化2大匙奶油。放入洋蔥、紅蔥頭、蔥綠和大蒜。偶爾拌炒，直到蔬菜炒軟且變得半透明，約需4分鐘。

2.　炒好的菜料倒入大雙層鍋的上鍋，放在盛滿滾水的下鍋上方。（你也可以使用荷蘭鍋，但這樣就必須頻繁攪拌並且以較低火力燉煮，避免燒焦和結塊。）加入番茄丁和番茄泥、牛奶、鮮奶油，煮到微滾，經常攪拌。

3.　同時間，在小型深鍋中以小火融化剩下的4大匙奶油。分批倒入麵粉，頻繁攪動，做出麵粉糊，約需3分鐘，確保麵糊沒有炒成焦褐色。在麵粉糊中倒入1½杯的熱番茄混合物並攪拌均勻，再把這鍋番茄糊料倒回番茄湯裡攪拌至融合。降至小火，偶爾攪拌，燉煮約35分鐘使味道融合，湯汁變得濃稠。

4.　移開雙層鍋的上鍋（或讓荷蘭鍋離火），加入蒔蘿。視口味以鹽和胡椒調味。（這道湯品可以事先準備，完全放涼後覆蓋冷藏，最多可保存2日。冷藏會變得濃稠。如果你喜歡比較流質的湯，在湯完全加熱後拌入少許牛奶。這道湯不可冷凍。）

5.　裝在碗或杯中（見p.283圖右），撒上切達乳酪絲，趁熱上桌。

莎拉貝斯的沙拉入門

沙拉料理的重點既不是蔬菜也不是配料，而是淋醬。你真的只需要兩種出色的萬用淋醬：經典的油醋醬和美味的奶香淋醬，食譜分別提供於p.288和p.289。至於沙拉本身，可以是一撮放在蛋料理旁的單純生菜，也可以加入各種食材變成豐富完整的一餐。製作沙拉時只需謹記下面幾個要點：

首先，考慮你的食客喜好。有些人非常喜歡綠色蔬菜，有些人要加堅果，有的人熱愛水果。我家孩子一定要有黃瓜和紅色、橘色與黃色甜椒。你可能喜歡在沙拉裡加橄欖，心想「誰不愛橄欖啊？」我跟你說誰：我家有幾個孫子不喜歡。所以他們來訪時，我總是會把橄欖放在一邊而不是拌在裡面。

另外要考慮的是綠色蔬菜。並不是所有沙拉都要有綠色蔬菜，但要放綠色蔬菜就要選擇優質產品。如果你跟我的喜好相同，那麼代表你也喜歡大量的混合青蔬。假設要做一道生菜沙拉，無論是羽衣甘藍、菠菜或芝麻菜，請直接前往農場購買滋味最濃郁的蔬菜，不然你不過是在吃一盤平淡無味的草。你也可以在沙拉中加入少許切細的薄荷或羅勒，突顯新鮮香草的清爽芬芳；或是大膽混合菊苣或苦苣等各種苣類蔬菜。你可以運用青蔬發揮無窮創意。

選擇蔬菜的首要標準是「當季」。請從農夫市場選擇最好最新鮮的產品，搭配不同的顏色、口感、形狀和最重要的——味道。光是混合各種番茄就能變出五花八門的滋味。務必妥善處理蔬菜。舉例而言，櫻桃蘿蔔很好吃，但沒有什麼比在沙拉裡咬到一大塊櫻桃蘿蔔更糟糕了。請拿出切片器刨成蟬翼般薄片。（茴香也一樣。）

如果你跟我一樣是沙拉愛好者，你應該也要在食品櫥和冰箱裡囤積可以久放的配料。我手邊隨時都有葡萄乾、蔓越莓乾、糖漬檸檬條、蘋果、烤堅果和蜜糖堅果。如果我煮了一大批全麥仁（p.44）、布格麥或北非小米，沒吃完的我就會留下來做沙拉。

不論你還加入什麼其他食材，一小片乳酪就能讓沙拉進入另一個境界。我的最愛包括捏碎的法國羊奶菲達起司、刨成薄片的格魯耶爾乾酪，或是刨絲或刨成薄片的美味硬實帕瑪森乳酪。

務必到最後一刻才為沙拉拌上醬汁。我媽以前會把醬汁倒在沙拉碗底，等到要吃之前才翻拌沙拉。你當然也可以把醬汁淋在上方，記得不要太早行動就好。沙拉裏上醬汁後就立即享用，大快朵頤。

檸檬油醋醬
CITRUS VINAIGRETTE

在經典的檸檬油醋醬中加入柳橙汁可為沙拉帶來一抹誘人的細緻甜味。巴薩米克醋可與這種天然甜味相互呼應。我使用白巴薩米克醋避免淋醬變色，有時候也會選用無調味米醋。

- ¼杯（56克）鮮榨柳橙汁
- 3大匙 新鮮檸檬汁
- 1大匙 白巴薩米克醋
- 1小匙 迪戎芥末醬
- 1小匙 細砂糖
- 猶太鹽和現磨黑胡椒
- ¾杯（165克）芥花油
- ¼杯（55克）特級初榨橄欖油

1. 在果汁機內放入柳橙汁、檸檬汁、醋、芥末、糖、一撮鹽和一撮黑胡椒，攪打成滑順泥狀。取一個液體量杯，倒入芥花油和橄欖油。開啟果汁機，透過投料管將油混合物緩緩以細絲狀倒入，攪打直到乳化。依口味加入鹽和黑胡椒調味。油醋醬可以放在密封容器中冷藏最多3天。

白脫奶淋醬
BUTTERMILK DRESSING

約1½杯

帶有酸味的白脫奶讓我的萬用奶香淋醬保持清爽。蘋果醋使醬汁變得不那麼濃稠。芹菜籽和新鮮蒔蘿則帶來味覺的衝擊。芹菜籽需要時間軟化，才能釋放風味，所以淋醬在使用前必須靜置一段時間。這款醬汁鮮明烘托青蔬生菜的特色，讓人一吃就深深愛上。我經常會帶一瓶送給朋友當禮物。

- ½杯（121克）酸奶油
- ½杯（116克）美乃滋
- ½杯（112克）低脂白脫奶
- 4小匙 蘋果酒醋
- 2小匙 純楓糖漿
- ¾小匙 芹菜籽
- 1小匙 蒔蘿細末
- ½小匙 伍斯特醬
- ¾小匙 猶太鹽
- ⅛小匙 現磨黑胡椒

1. 在中型碗內混合所有原料，攪打直至均勻融合。覆蓋冷藏至少2小時才能使用。這款淋醬可以放在密封容器中冷藏最多3天。

黃瓜番茄沙拉佐蜂蜜葡萄柚油醋醬
CUCUMBER AND TOMATO SALAD WITH HONEY-GRAPEFRUIT VINAIGRETTE

6人份

這道清脆爽口的夏日沙拉特別適合搭配鹹口味的蛋料理。櫻桃番茄提供甜美汁液，荷蘭芹留下清新餘味。微甜的葡萄柚淋醬加入醬油和芝麻油，閃現令人驚喜的亞洲風味。

- 8根 小黃瓜或其他迷你黃瓜（605克）縱切成半，去籽，切成約1.3公分厚的半月形
- 1½小匙 猶太鹽

- 454克 櫻桃番茄，縱切成半
- 1顆 小型紫洋蔥（78克），切成細絲
- 2大匙 切碎新鮮平葉荷蘭芹

油醋醬

- ½杯（112克）新鮮葡萄柚汁
- 2大匙 番茄醬
- 2大匙 蜂蜜

- 1大匙 減鈉醬油
- 1大匙 紅酒醋
- 1小匙 去皮新鮮薑蓉
- 1個 小型蒜瓣，切成細末

- ⅓杯（73克）花生油
- ⅓杯（73克）芥花油
- 1大匙 芝麻油
- 猶太鹽和現磨黑胡椒

1. 在濾鍋上放一個碗，加入黃瓜和鹽翻拌。靜置30分鐘，在冷水下徹底沖洗黃瓜，瀝乾水分，在廚房紙巾上平鋪成一層，蓋上更多廚房紙巾，吸乾水分。輕輕按壓黃瓜使其釋出多餘水分。

2. **製作油醋醬：** 在果汁機內放入葡萄柚汁、番茄醬、蜂蜜、醬油、醋、薑和大蒜，攪打成均勻泥狀。取一個液體量杯，混合花生油、芥花油和芝麻油。開啟果汁機，透過投料管緩緩以細絲狀倒入油混合物，繼續攪打至乳化。依口味加入鹽和黑胡椒調味。

3. 在大碗內輕輕翻拌黃瓜、番茄、洋蔥和荷蘭芹。淋上足夠的油醋醬使其薄薄裹覆食材並再度翻拌。覆蓋冷藏至少30分鐘，最多1個半小時。上菜前再度翻拌。多餘的油醋醬可以放在密封容器內冷藏最多3天。

彩蔬千絲沙拉佐白脫奶淋醬
ZESTY VEGETABLE SLAW WITH BUTTERMILK DRESSING

8人份

製作這道千絲沙拉時，我用更軟更美味的皺葉甘藍取代傳統的捲心菜。細絲狀的根芹菜、茴香和胡蘿蔔帶來滋味豐富的爽脆口感。醃製至少2小時的千絲沙拉嘗起來最美味，非常適合作為宴客菜色。我特別喜歡搭配酥脆蟹肉餅佐塔塔醬（p.275）一起享用。

特殊器具　無論法式或日式刨絲器都是快速將硬蔬果刨成完美細絲的最佳工具。你也可以用非常鋒利的主廚刀將蔬菜手動切成細絲。

- 1顆 大型根芹菜（454克），切除不要的部分，削皮
- 1顆 小型茴香球莖（340克），切除不要的部分，去芯
- 2根 大型胡蘿蔔（340克），切除不要的部分，削皮
- ½顆 小型皺葉甘藍（227克），去梗，切絲
- 1大匙 罌粟籽
- 白脫奶淋醬（p.289）
- 猶太鹽和現磨黑胡椒

1. 使用裝上刨絲刀盤的切菜器或非常鋒利的刀具，將根芹菜、茴香和胡蘿蔔切成細絲。放入大碗，加進甘藍菜絲和罌粟籽，翻拌均勻。倒入淋醬，再度翻拌直到材料均勻裹覆醬汁。視口味以鹽和黑胡椒調味。千絲沙拉覆蓋冷藏至少2小時，最多1天。

2. 上桌前再次翻拌千絲沙拉，並視口味再度調味。冰涼食用。

晨曦生蔬盤佐綠色女神沾醬
MORNING CRUDITÉS WITH GREEN GODDESS DIPPING SAUCE

8到12人份
1½杯醬汁

盛夏時分，我喜歡用芬芳的羅勒葉打出這款柔滑的沾醬。鯷魚是綠色女神沾醬的代表食材，絕對不能不用。如果你不喜歡鯷魚，不妨再試一次，它們在這個沾醬裡好吃極了。任何生食可口的蔬菜都可裝成生蔬盤。選擇市場上最漂亮的當季農產。你也可以使用這款沾醬作為葉類沙拉的淋醬。

沾醬

- ¾杯（174克）美乃滋
- ⅔杯（20克）粗略切碎新鮮羅勒（鬆鬆裝滿）
- 3根蔥的蔥綠，切成細蔥花（⅓杯）
- 3大匙 新鮮檸檬汁
- 1個 小型蒜瓣，切碎
- 2片 罐裝鯷魚片，沖洗拍乾
- 1小匙 猶太鹽
- ⅛小匙 現磨黑胡椒
- ¾杯（182克）酸奶油

生蔬盤 櫻桃蘿蔔、甜豌豆莢、彩虹胡蘿蔔、黃瓜，沾醬食用。

1. 製作沾醬：在食物調理機內混合美乃滋、羅勒、蔥綠、檸檬汁、大蒜、鯷魚、鹽和黑胡椒，攪打均勻，視需要刮淨攪拌槽邊壁。倒入一個中型碗。加進酸奶油，使用大打蛋器混拌均勻。沾醬可放在密封容器中冷藏保存最多3天。

2. 端上生蔬盤與冰涼沾醬一起享用。

致謝

　　一切彷彿昨日：我剛開設第一間Sarabeth's餐廳，開始為鬆餅翻面，製作蓬鬆的歐姆蕾蛋捲，幫店裡的展示架補滿現烤酥皮點心，在咕嘟冒泡的鍋子裡攪拌我的經典水果抹醬。我是如此感激每一位客人讓我能一直從事我深愛的工作。你們的讚美和支持將永遠是我們界定何謂成功的要素。

　　我是這個世界上最幸運的人，擁有夢寐以求的最佳丈夫兼事業夥伴——比爾・萊文（Bill Levine，又稱莎拉貝斯先生，他總是非常自豪地這樣稱呼自己）。謝謝你總是敦促我不斷挑戰極限，與我一同攜手將不可能化為可能。

　　我還要感謝我的女兒、女婿和孫子——你們是我最死忠的粉絲，有你們在身旁就是幸福。不論我端出什麼，你們都愛，而且從來不會忘記跟我說：「寶貝，妳是全世界最棒的廚師了。」

　　我永遠也道不盡對Sarabeth's烘焙坊團隊的感謝，他們總是興致勃勃地嘗試新菜色並熱切地評論。我要向糕點主廚Marcelo Gonzalez說幾句話：「在我需要你的時候，你永遠都在我的身邊，非常感謝你常伴左右支持我。」

　　Sarabeth's餐廳在我心中占有特殊地位，而成就長期的愉悅用餐體驗需要無數的心血投入和專業技識。在此向我們的紐約合作夥伴獻上深摯謝意：Ernie Bogen，謝謝你相信我的夢想；Stewart Rosen，謝謝你細心管理日常運作；Stephen Myers，謝謝你提供的廚藝支援和智慧。另外也要大大讚美我們的日本合作夥伴Ken Shimizu、資深品牌經理Iho Uchida、國際發展副理Yuri Inoue，以及將Sarabeth's餐廳帶到日本的全體團隊。誠摯感謝糕點主廚Mariko Kondo和執行主廚Kaz Tsurumi對細節的堅持。我非常感恩能擁有忠誠獻身這個事業的代理商Mari Miyanishi，也要向Yuka Miyanishi致意。

　　在此衷心感謝協同作者柯靜儀對這個專案投入無比耐性與心力。她在幾個月裡陪我孜孜不倦地測試每道食譜，直到我們知道可以拍板定案。靜儀總是能夠輕易掌握我的精神和風格，與她共事是一大享受。她溫柔的態度與隨和的個性讓這個專案順利無礙地完成。非常謝謝妳。

Acknowledgments

食譜書作者與老師Rick Rodgers為這個案子奠定基礎。可以使用我們初次合作時的部分素材讓我非常高興。您在擔任*Sarabeth's Bakery, From My Hands to Yours*一書協同作者時進行的所有優秀工作與貢獻的專業知識，我永遠銘感在心。

致我出色不凡的平面設計師Louise Fili：你畫龍點睛的魔法展現在每個頁面。致Louise Fili Ltd 的Kelly Thorn：深深感謝你細心執行所有設計，並且展現令人愉悅的專業態度。你完成了十分優秀的工作；致排版師Liney Li，你太棒了，謝謝你一絲不苟的專注。

感謝攝影師Quentin Bacon再度製作出一本美麗的書籍，也要謝謝道具／食物造型師Susie Theodorou和她的助理Brett Regot，讓我的料理在盤子上看起來那麼漂亮誘人。謝謝你們在我為每張相片準備菜色時耐心等候，你們真的是很優秀的團隊。

感謝Rizzoli出版社的社長Charles Miers提供洞見，以及資深編輯Sandy Gilbert對這個專案的指導和投入。也要感謝製作經理Susan Lynch和宣傳公關Jessica Napp。感謝Judith Sutton，妳是不可多得的編審。也要謝謝Deborah Weiss Geline的優質校對工作和Marilyn Flaig編纂的出色索引。感謝我的經紀人Angela Miller。謝謝Tracey Zabar大力支持。

感謝所有慷慨出借餐具與布品供本書攝影的品牌：Andrea Brugi：p.238、p.245 和p.273（鹽罐與胡椒罐）；Brickett Davda：p.58（盤）與p.212（杯）；Canvas Home Store：p.1（碗）、p.12（玻璃杯、瓶子、蛋糕架、碗和淺盤）、p.29（玻璃杯）、p.42（玻璃杯）、p.85（迷你砧板）、p.129（盤）、p.265（盤）和p.294（淋醬小碟）；Daniel Smith：p.23（水果盅）、p.219（盤）、p.277（盤和碗）和p.294（盤）；Society Limonta：p.24、p.83、p.129、p.162和p.277（布品）；K. H. Würtz：p.44（碗）、p.77、p.78、p.228（盤）、p.277（盤和碗）。

Sarabeth

感謝您購買 紐約早餐女王Sarabeth's甜蜜晨光美味全書

為了提供您更多的讀書樂趣，請費心填妥下列資料，直接郵遞（免貼郵票），即可成為奇光的會員，享有定期書訊與優惠禮遇。

姓名：＿＿＿＿＿＿＿＿＿＿　身分證字號：＿＿＿＿＿＿＿＿＿＿

性別：□女　□男　生日：

學歷：□國中 (含以下)　□高中職　　□大專　　　□研究所以上

職業：□生產\製造　　□金融\商業　□傳播\廣告　□軍警\公務員

　　　□教育\文化　　□旅遊\運輸　□醫療\保健　□仲介\服務

　　　□學生　　　　□自由\家管　□其他

連絡地址：□□□ ＿＿＿＿＿＿＿＿＿＿＿＿＿＿＿＿＿＿

連絡電話：公（ ）＿＿＿＿＿＿＿　宅（ ）＿＿＿＿＿＿＿

E-mail：＿＿＿＿＿＿＿＿＿＿＿＿＿＿＿＿＿＿＿＿＿

■您從何處得知本書訊息？（可複選）

　□書店 □書評 □報紙 □廣播 □電視 □雜誌 □共和國書訊

　□直接郵件 □全球資訊網 □親友介紹 □其他

■您通常以何種方式購書？（可複選）

　□逛書店 □郵撥 □網路 □信用卡傳真 □其他

■您的閱讀習慣：

文　　學 □華文小說　□西洋文學　□日本文學　□古典　□當代

　　　　 □科幻奇幻　□恐怖靈異　□歷史傳記　□推理　□言情

非文學 □生態環保　□社會科學　□自然科學　□百科　□藝術

　　　　 □歷史人文　□生活風格　□民俗宗教　□哲學　□其他

■您對本書的評價（請填代號：1.非常滿意 2.滿意 3.尚可 4.待改進）

　書名＿＿ 封面設計＿＿ 版面編排＿＿ 印刷＿＿ 內容＿＿ 整體評價＿＿

■您對本書的建議：

電子信箱：lumieres@bookrep.com.tw

傳真：02-86671065

客服電話：0800-221029

Lumières
奇光出版

請沿虛線對折寄回

| 廣 告 回 函 |
| 板橋郵局登記證 |
| 板橋廣字第10號 |

| 信 函 |

231
新北市新店區民權路108-4號8樓
奇光出版　收

請沿虛線剪下